新型农民科技人才培训教材

U0272345

现代苹果生产
实用技术

苗耀奎　　刘二冬　　主编

中国农业科学技术出版社

图书在版编目（CIP）数据

现代苹果生产实用技术／苗耀奎、刘二冬主编. —北京：中国农业科学技术出版社，2011. 10

ISBN 978 – 7 – 5116 – 0600 – 6

Ⅰ. ①现…　Ⅱ. ①苗…②刘…　Ⅲ. ①苹果－果树园艺　Ⅳ. ①S661. 1

中国版本图书馆 CIP 数据核字（2011）第 152469 号

责任编辑	贺可香　姚　欢
责任校对	贾晓红　郭苗苗

出 版 者	中国农业科学技术出版社
	北京市中关村南大街 12 号　邮编：100081
电　话	（010）82106636（编辑室）　（010）82109704（发行部）
	（010）82109709（读者服务部）
传　真	（010）82106624
网　址	http://www. castp. cn
印 刷 者	北京富泰印刷有限责任公司
开　本	850mm ×1 168mm　1/32
印　张	3. 875
字　数	100 千字
版　次	2011 年 10 月第 1 版　　2014 年 5 月第 3 次印刷
定　价	12. 00 元

《现代苹果生产实用技术》
编委会

主　　编　苗耀奎　刘二冬

编　　者　（按姓氏笔画排序）

　　　　　王太平　郑代平　高丽美

前　言

进入21世纪以来，面临人口增加、耕地减少的严峻问题，随着社会经济水平的提高，为了满足日益增长的社会需求，我们必须通过调整农业结构，优化农业布局，发展高产、优质、高效、生态、安全的农业，在较少的耕地上生产出尽可能多、尽可能好的农产品。为了达到这一目的，必须扎扎实实地采取多种形式普及农业科学技术，提高农业劳动者素质，发展农业科技生产力。

这套丛书以广大农村基层群众为主要对象，以普及当前农业最新适用技术为目的，浅显易懂，价格低廉，真正是一套农民读得懂、买得起、用得上的"三农"力作。编写丛书的专家、教授们，想农民之所想，急农业之所急，关心农民生活，关注农业科技，精心构思，倾情写作，使这套丛书具有三个鲜明的特点：实用性——以"十一五"规划提出的奋斗目标为纲，介绍实用的种植、养殖方面的关键技术；先进性——尽可能反映国内外种植、养殖方面的先进技术和科研成果；基础性——在介绍实用技术的同时，根据农村读者的实际情况和每本书的技术需要，适当介绍了有关种植、养殖的基础理论知识，让广大农民朋友既知道该怎么做，又懂得为什么要这样做。

《现代苹果生产实用技术》集国内有关苹果栽培方面的大量资料和最新研究成果，并力求结合国内的生产实际，围绕苹果高效栽培进行论述，内容包括：苹果生产现状和发展前景；苹果丰产优质品种；苹果园的建立；苹果土肥水管理；整形修剪技术；苹果优质果实管理；苹果病虫害综合防治；果实采收和分级包装八个方面。语言通俗易懂，内容先进实用，适合苹果规模种植户和苹果种植企业管理人员和技术人员阅读参考。

编　者

2011 年 8 月

目　录

第一章 苹果生产现状和发展前景

一、苹果生产现状

（一）面积和产量

苹果是世界四大水果产业之一。据农业部统计，2008 年全国苹果栽培面积和产量分别为 199.22 万公顷和 2 984.66 万吨，占全国水果总面积和总产量的 18.56% 和 26.32%，面积和产量均居水果生产的首位。与 2007 年相比，2008 年苹果栽培面积和产量分别增加 3.04 万公顷和 198.67 万吨，同比增长了 1.55% 和 7.13%。其中，产量增幅前十位的省（区）依次为：陕西（43.94 万吨）、山东（38.25 万吨）、山西（35.61 万吨）、河南（22.06 万吨）、甘肃（21.71 万吨）、辽宁（19.43 万吨）、河北（13.71 万吨）、四川（9.21 万吨）、新疆维吾尔自治区（4.65 万吨）、云南（3.31 万吨）。

（二）生产分布

我国苹果生产主要集中在渤海湾、西北黄土高原、黄河故道和西南冷凉高地四大产区。其中，渤海湾产区是苹果的老产区，果品总产量全国最大；西北黄土高原产区已经成为全国栽培规模最大、有较大发展潜力和产业竞争力的苹果优势产区。2008 年西北黄土高原产区的苹果栽培面积占全国苹果总面积的 48.04%，产量占全国总产量的 38.89%；渤海湾产区的面积和产量分别占全国总面积和总产量的 32.29% 和 40.46%。按省份划分，主要集中在陕西、山东、河北、甘肃、河南、山西和辽宁。七大苹果主产省份苹果栽培面积为 173.28 万公顷，占全国苹果栽培面积的 86.98%；产量为 2 702.61 万吨，占全国苹果总产量的 90.55%。山东为全国产量最高（763.18 万吨，占全国的25.57%）的省份，陕西为全国栽培面积最大（53.09万公顷，占全国的26.65%）的省份，两省合计栽培面积和产量占全国的40.52%和50.55%。

（三）单产水平

2008 年全国平均单产为 14 981.73 千克/公顷①，比上年（14 201.19千克/公顷）增长了5.50%。山东和河南单产水平较高，其单产分别为27 621.43千克/公顷和21 628.54千克/公顷；山西、辽宁、陕西、河北和甘肃的单产分别为15 039.14千克/公顷、14 992.11千克/公顷、14 042.38千克/公顷、10 730.11千克/公顷和6 658.82千克/公顷，七个苹果主产省份苹果单产分别为全国苹果单产的184.37%、144.37%、100.38%、100.07%、93.73%、71.62%和44.45%。

（四）果品质量

我国苹果主产区优质果率已达到35%～50%，不同产区之间有较大差异，部分优质示范园的优质果率已达85%以上，达到出口标准的高档果率仅为5%～8%。

（五）单产水平较低

2008 年，世界苹果平均单位面积产量为957.22千克/亩。在世界苹果主产国中，奥地利的苹果单位面积产量最高，为6 096.71千克/亩，居世界第一位；其他排名前十位的国家依次为瑞士、比利时、意大利、荷兰、利比亚、智利、新西兰、法国和斯洛文尼亚，其单位面积产量均在2 300千克/亩以上。中国苹果单位面积产量为994.81千克/亩，居世界第32位，虽然高于世界平均水平，但与世界先进国家水平相比还有很大差距。

（六）整体果品质量较差

近年来，我国大力推广疏花疏果、昆虫＋人工辅助授粉、果

---

① 注：1公顷＝10 000平方米；

　　1亩≈667平方米；全书同

实套袋以及摘叶转果、铺反光膜、有害生物综合防控等技术措施，大幅度提高了果品安全质量水平。但与先进国家相比，苹果质量水平仍有较大差距，如美国、日本、新西兰等国的优质果率高达70%，甚至80%以上，高档果率也在35%～50%。此外，还存在果型不端正、着色差、风味淡、不耐贮运等果实品质方面的缺陷。

（七）技术繁杂、生产效率低

正常情况下，一个技术熟练的壮劳动力一般只能管理2.0～3.0亩苹果园，生产效率只有苹果生产先进国家的5%～10%。

二、发展前景

（一）苹果矮砧集约高效栽培模式将会得到发展

近30多年来，世界苹果栽培制度发生了深刻的变化，矮砧密植已经成为世界苹果栽培发展的主要栽培模式。欧美国家用12～20年时间，完成了从乔砧稀植栽培到矮砧密植栽培的转变，目前矮砧密植栽培比重达到90%以上。我国从1982年以后开展矮砧密植栽培试验、示范和推广，至今矮砧密植栽培比重只有5%左右。今后5～10年，我国苹果处于大规模更新换代的关键时期，要紧紧抓住这一良好的历史机遇期，通过实施老果园更新换代工程，在新建果园推广苹果矮砧集约高效栽培技术模式，以IFP苹果综合生产制度为核心，稳步推进苹果栽培制度的变革，逐步实现由乔砧密植栽培向宽行矮砧集约高效栽培的转变，加快推动我国苹果栽培制度的变革和现代生产制度建立，实现我国苹果的省工、省力、集约、高效和标准化生产。

（二）标准化良种苗木繁育体系建设

以国家现代苹果产业技术体系为载体体，建立国家苹果良种、良砧研发和标准化苗木繁育体系，以应对我国面临的苹果园大面积更新换代和现代矮砧集约高效栽培制度发展的需求。一是在国家级科研院所建立国家苹果良种、砧木无病毒原种圃；二是在苹果优势产区，依托地方科研院所，分区建立良种、良砧采穗圃和现代苹果标准苗木繁育示范圃；三是扶持建立一批大型商业化苹果苗圃，实行定点生产、专营销售；四是加强苹果苗木生产与流通过程中的检验和检疫管理，有效控制病毒病和危险性、检疫性病虫害的传播和蔓延。

（三）推广实施四项关键技术

当前，我国苹果生产最紧迫的任务，就是要最大限度的提高现有果园的产量和质量水平。针对我国苹果生产中存在的突出问题，围绕果品安全、生态安全、健康安全和农民增收等重大需求，以优质果品生产的关键控制环节，从光照、土壤、水源、化肥、农药等影响优质果品安全生产的关键因素的调控入手，在主产区大力集成和推广实施密闭果园改造、改良土壤与提高肥力、精准配方施肥技术、起垄覆盖与节水灌溉四项关键技术，全面提升我国苹果生产的科技水平和生产水平，从而进一步提升苹果产业竞争力。

（四）优质苹果生产标准化技术

借鉴国内外已有技术成果和生产经验，结合无公害/绿色苹果基地、出口苹果基地建设项目，结合苹果主产区生产实际，集成建立有利于优质果实发育、促进果实成熟、提高果实着色和内在品质的果园结构控制、树体和果实管理、土肥水管理、病虫害综合防控技术等规范化、标准化生产技术体系，并进行大规模基地示范和生产推广。

第二章　苹果丰产优质品种

苹果优良品种作为一项物化技术，是苹果优质丰产的前提和先决条件，也是提高市场竞争力与经济效益的基础和保证。因此，在选择栽培品种时，必须围绕消费趋向、市场需求变化与当地的自然环境条件及交通运输等情况选择主栽品种与搭配品种。选择品种必须坚持的原则是：适应性广，抗逆性强；优质、丰产、稳产，生产性好；商品性高，竞争力强；耐贮运，货架期长。下面就对苹果的优良品种以及相关特性和适宜栽培的区域等逐一介绍。

一、早熟品种

（一）嘎富

1. 来源及发展

日本果树试验场盛岗分场与新西兰国家科学研究所马肯基博士于1969年合作用嘎拉×富士杂交育成，1990年日本农林水产省登记。1996年引入山东青岛、陕西大荔、铜川等地。经近几年的高接和试栽，性状稳定，目前，正在扩大试栽区域。

2. 果实性状

果实圆形或圆锥形，果个大，平均单果重200克，最大250克；果面光洁，全面着浓红色；果肉白色，细脆，致密，汁多，酸甜适口，风味浓郁，含可溶性固形物14%左右，含酸量0.7%~0.8%，品质上。7月上中旬成熟，比藤牧1号早10~15天。

3. 主要生物学特性

树势旺盛，树姿半开张，萌芽率、成枝力均强，新梢生长量大，成熟叶片沿叶脉向上凸起，是其显著特点。易成花，结果早。高接后第二年开始结果，短枝多，有腋花芽结果习性；早丰产，株产矮砧树产量3年生8千克、4年生15千克、5年生20千克；乔砧树产量3年生2千克、4年生10千克、5年生18千克。采前不落果。

4. 适栽区域

该品种适应性广，凡苹果适生区均可栽植，尤以海拔600～800米、土层深厚、疏松、肥沃、交通便利地域发展，可作为上市早的优新品种，前景广阔。

（二）信浓红

1. 来源及发展

1997年由日本引入山西省临猗县，1998年引入山东青岛市、陕西延安果树试验场等地试栽，表现良好。

2. 果实性状

果实圆锥形，端正、高桩，果型指数0.9，果个大，平均单果重250克，最大320克。果面光滑，底色黄绿，着色鲜红，并有浓红条纹，艳丽美观；果肉黄白色，稍硬，致密，汁多，酸甜适口，清香味浓。含可溶性固形物14.5%，含酸量0.4%，品质极上。7月中下旬成熟，成熟期比萌、藤牧1号略迟，比嘎拉早15天，在普通果库可贮藏15天左右。

3. 主要生物学特性

树势强健，树姿半开张，萌芽率、成枝力中等，幼树生长旺盛，枝条节间短而粗壮，叶片大而厚，叶色浓绿而富有光泽。易成花，早果性强，坐果率高，高接树第二年开花株率83.9%，亩产405千克，第三年1 503.5千克，第四年2 004千克。果实生育日数90天，无采前落果现象。但果实着色、成熟不太一致，应分批采收。较抗白粉病、早期落叶病。

4. 适栽区域

该品种适应性较广，抗逆性强；树势较强，枝条粗壮；早果丰产，品质优佳，在苹果适生区海拔 800～1 200 米地域栽植；土层深厚地域示范栽植推广，可望作为上市早、填空档的早熟新优品种，发展前景十分广阔。

二、中熟品种

（一）清明（SEMEI）

1. 来源及发展

日本秋田县平鹿村藤善用金冠×富士培育而成。日本农林水产省于 1995 年正式批准登记，同年 12 月西安市农校从日本山形县引入接穗，1996 年春高接，1998 年开始结果。由于外形好、色泽艳、品质优、市场潜力大，目前，正在扩大试栽区域。

2. 果实性状

果实圆锥形，高桩，端正，与金冠相似，果型指数 1.0 左右。果面光亮，底色黄绿色，色泽诱人；果肉黄白色，质细、松脆、汁多、甘甜味浓，品质优，含酸量 0.26%，可溶性固形物含量 15.8%。9 月中旬成熟，普通果库可贮藏 30 天以上，果肉不发绵，货架期较长。

3. 主要生物学特性

树势较健壮，树姿较开张，萌芽力高，成枝力强。一年生枝可达 1 米以上，绿褐色，叶色及皮孔与金冠基本相似，多年生枝黄绿色。短枝比例高，约占 85%。易成花，以短果枝结果为主，结果初期腋花芽占 81%；坐果率高，花序坐果率 92.3%，花朵坐果率 30.7%。易丰产，高接当年成花，次年株产 3 千克，第三年 29 千克。采前不落果。抗病性强，抗斑点落叶病，较抗苹果轮纹病、霉心病，生理病害也较红富士轻；也较抗蚜虫和叶螨。

4. 适栽区域

凡苹果适生区均可栽培，宜于海拔 800～1 200 米、土层深厚且肥沃地域发展，可作为中秋、国庆节上市的中熟新优品种。

（二）昂林（KORIN）

1. 来源及发展

日本用富士×津轻杂交选育，1995 年经农林水产省登记注册。1998 年引入我国山东临沂市试栽观察，该品种综合性状优良，是今后很有希望的苹果中熟优新品种。

2. 果实性状

果实近圆形，果型正，指数 0.91，果个大，平均单果重 330克，最大 390 克，果柄较短。果面无锈，果粉少，全面着鲜红色，直至萼洼部分，并有深红色条纹；果肉黄白色，肉质细密，多汁，甜酸爽口，品质上。去皮硬度 11.5 千克/平方厘米，可溶性固形物含量 15.3%。9 月下旬成熟，较耐贮藏。普通果库可贮存 35～40 天。

3. 主要生物学特性

树势旺盛，树姿较开张，相似于富士，萌芽率和成枝力均中等，较易成花，结果早。二年生开花株率 85%。以中、短枝结果为主，坐果率较高，花序坐果率 85.1%，花朵坐果率 28.5%；丰产性强，三年生株产 9.5 千克，四年生树株产 18.9 千克，折合亩产 1 568 千克。营养生育期 230 天，果实生育期 150 天，开始着色到成熟期约 25 天。抗斑点落叶病、果实轮纹病，也较抗叶螨、金纹细蛾。

4. 适栽区域

凡宜于苹果适生区均可栽植，适于海拔 800 米以上光照充足、气候冷凉、温差较大、土层深厚地域发展，可作为中秋、国庆节上市的中熟优新品种，前景看好。

（三）红香脆（Gs58）

1. 来源及发展

新西兰国家园艺食品研究所霍克湾研究中心的唐麦肯尼尔博士 1975 年用嘎拉×华丽杂交，1985 年奥兰瓦尔特从中选出

Gs58，这是新西兰国家园艺食品研究所继皇家嘎拉和勃瑞本之后，向世界水果市场推出的又一个新的中晚熟苹果品种。1996年由陕西果树研究所直接从新西兰引入，先后在陕西凤翔、扶风、乾县、富平、渭南、大荔、蒲城、宜川等地高接试栽，通过对结果3~4年生树的观察表明，该品种在早果、丰产、优质、贮性等方面均表现优良。

2. 果实性状

果实圆柱形，高桩，果型指数0.93；果个大，平均单果重228克，最大单果重350克。果面光洁、艳丽，无果锈，蜡质层、果点大明显；果皮稍厚，底色黄绿，全面着鲜红色；果肉黄色，质脆，汁多，风味浓，去皮硬度7.97千克/平方厘米，含可溶性固形物14.4%。9月上旬果实开始着色，9月中旬成熟，贮藏性好，常温下可存放到翌年3月上旬。

3. 主要生物学特性

树势中庸，树冠偏小，萌芽率高，可达80%以上，成枝力强，中短枝比率高。一年生枝浅褐色，多年生枝红褐色，枝条节间较短，属短枝与普通的中间型，分枝角度大，叶片较嘎拉大、尖、厚，叶色浓绿，叶背绒毛多。易成花，结果早，高接树当年成花，第二年结果，亩产量700千克左右。以中短果枝结果为主，并有腋花结果；坐果率较高，花序坐果率为90%，花朵坐果率33%；白花授粉坐果率较高，一般为20%；果台枝连续结果能力强，二年生果台枝结果率达70%以上；丰产性强，矮化园三年生树开花株率100%，亩产量550千克；四年生树1 610千克，盛果期可达3 000千克左右，且无大小年结果现象。抗旱、耐瘠薄，抗病性也强，不易发生早期落叶病，果实轮纹病、红蜘蛛为害极轻。

4. 适栽区域

该品种适应性广，抗逆性强，凡苹果适生区均可栽植，宜于海拔800米上下地域作为一个中熟搭配品种，市场潜力大。

（四）弘前富士

弘前富士是日本青森县北郡板柳町从富士苗木中选出的易着色极早熟富士品种，2003 年 3 月引入陕西铜川，当年挂果，2004 年最多一株产 46 千克。比红将军早熟 10～15 天。单果重350～400 克，果面着色条纹浓红艳丽，不需套袋；果肉似富士，多汁，硬度 6.4 千克/平方厘米，可溶性固形物含量 15%。9 月中旬成熟，常温下可贮藏 70～80 天。

三、晚熟品种

（一）着色系富士

1. 来源及发展

着色系富士又称红富士，泛指由富士中选出的着色系芽变。着色系富士的出现，加快了日本富士苹果的发展进程，到 1990年富士面积、产量占日本苹果的一半左右。自 20 世纪 80 年代开始，红富士在世界各苹果生产国相继引种示范，20 世纪 90 年代得到了迅猛发展。目前，红富士已成为世界上发展最快的苹果优良品种，将成为世界苹果的首要品种。韩国富士栽培面积已占到苹果面积的 90% 以上，美国苹果主产区许多果农纷纷用红富士换代元帅系品种，新西兰、澳大利亚、加拿大、阿根廷、智利、西欧各国近年也在积极发展红富士苹果。

1980 年，我国农牧渔业部从日本直接引入了长富 2、长富6、秋富 1 三个着色优系，分别在辽宁熊岳、山东烟台、陕西礼泉等 6 个点集中试栽观察，1983 年开始在 11 个省示范协作，1987 年大面积试验示范，取得明显效果，开始在全国苹果主产区推广。至目前，全国红富士栽培面积达 2 000 万亩以上，约占苹果总面积的一半，成为世界红富士苹果第一生产大国。

2. 果实性状

果实近圆形，果型指数 0.9 左右，果个大，平均单果重 200

克，最大 350 克。果面光滑，有果粉，蜡质层厚，底色黄绿，阳面披红霞及不明显的断续暗红色条纹，海拔较高地域全面披浓红色，艳丽美观；果肉浅黄色，细脆，致密，汁多，甜酸爽口，有香气，品质极上。果实去皮硬度 9.2 千克/平方厘米，可溶性固形物含量 16% 左右。10 月中下旬成熟，采前不落果。极耐贮藏，普通果库可贮至翌年 5 月，贮后肉质仍脆，风味尤佳。目前主要推广的优良品系有：

（1）岩富 10 号　果实圆形，单果重 280 克左右，果型指数 0.9，整齐度好。果面光滑无锈，果粉多，蜡质层厚，属着色 2 系，全面着浓红色，艳丽；果点中，明显较稀，果皮较厚韧；果肉黄白色，质细，致密，汁多，酸甜适度，品质极上。果实去皮硬度 9.0 千克/平方厘米，含可滴定酸 0.39%，可溶性固形物含量 16.2%。10 月中下旬成熟，综合性状优于长富 2 号和秋富 1 号。

（2）烟富 2 号　果实近圆形，果型指数 0.8 ~ 0.85，端正，果个大，单果重 250 ~ 304 克。底色黄绿，片红，全面着艳丽鲜红色，全红果率高；果肉淡白色，质脆爽口，汁多，风味甜香，外观质量优于长富 2 号和秋富 1 号，内在质量与其相同。

（3）宫崎短富　果实圆锥形，果型指数 0.9，果个较大，平均单果重 213.5 克，最大单果重 405 克。果皮光滑，较薄，果面有较规则圆形黄褐色斑点；果肉黄白色，细脆，致密，汁中，味酸甜，有香气，果实去皮硬度 10.6 千克/平方厘米，含可溶性固形物 15.4%，可滴定酸 0.50%。10 月中下旬成熟，普通果库可贮至翌年 5 月。

（4）礼泉短富　果实扁圆形或近圆形，果个较大，平均单果重 225 克，最大单果重 550 克。果面光滑，较厚，果粉和蜡质较多；果皮底色黄绿，阳面鲜红艳丽，属 2 系，自然着色率达 95% 以上；果肉黄白色，细脆，致密，汁多，口味甜，有香气。可溶性固形物含量 15% ~ 17%。普通果库可贮至翌年 4 月，皮不皱，肉不绵，风味品质仍佳。

3. 主要生物学特性

树势强健，树冠高大，树姿较形长，萌芽率、成枝力均强，生长势强，成形容易。矮砧栽培，结果较早，乔砧相对较晚，初果期树以长、中果枝及腋花芽结果为主，进入盛果期树以短果枝结果为主，坐果率高，丰产性强，但不稳定。喜光照，对土肥水条件要求较高，若产量控制不当和营养条件不良时，果台副梢抽生能力强，但连续结果能力差，易形成小果，有隔年结果的现象，自花结果率低，应配置授粉树。

4. 适栽地域

红富士是一个要求较高自然条件和较高管理水平的品种，需要选择适宜的栽培区域和立地条件，才能充分发挥品种优势，获得优质丰产高效。借鉴日本有关资料，结合我国多年区试结果和栽培经验，北纬33°~44°是红富士苹果适栽区域，特别在陕西渭北海拔800~1 200米地区和山东胶东半岛是红富士最佳适生区。但红富士抗寒力较弱，幼树受冻易发生"风干"，结果树易遭晚霜侵害。较高海拔地区栽培或较长期干旱。导致果实发育形扁且小，果皮变厚，肉质变粗，果汁不丰，品质变劣。

（二）秦冠

1. 来源与发展

陕西省果树研究所1957年用金帅×鸡冠杂交育成，1963年始果，1966年被选为优系，1970年被命名为"秦冠"开始推广。曾是陕西乃至西北地区苹果晚熟主栽品种，为陕西的苹果发展、广大果农脱贫致富作出重大贡献，在全国主产区均已试栽，发展了一定面积。20世纪90年代后期因大量发展红富士而面积减少，但在较高海拔地域，技术管理水平较低的地区，仍有很大的生产潜力。

2. 果实性状

果实短圆锥形，果型整齐，果个较大，平均单果重230克，最大 400 克。果皮底色黄绿，阳面深红色，有断续红条纹；果皮厚，果点大、明显；果肉黄白色，质粗、松脆、果汁中多，甜酸适口。成熟期采食时，果肉韧硬，淀粉味浓，但经一定时期贮藏后，风味变佳，有芳香味，品质中上。果实去皮硬度 9.8 千克/平方厘米；可溶性固形物含量 13.5%。10 月中下旬成熟，耐贮耐运，普通果库可贮藏到翌年 4~5 月仍不皱皮。

3. 主要生物学特性

树势强健，树冠中大，树姿较开张。萌芽率中，成枝力强。一年生枝红褐色，发亮，粗壮；多年生枝灰褐色。芽基大，叶片大，叶色深绿。适应性强，平原、坡台、滩地均生长结果良好，抗寒、抗旱、耐瘠薄，易栽培，好管理。易成花，结果早。嫁接后当年成花，第二年结果，密植后 2~3 年开始结果，5~6 年进入丰产期。初果期树以长果枝、中果枝和腋花芽结果为主，成龄树长果枝、中果枝、短果枝和腋花芽均可结果。自花结实率较高，果台枝连续结果能力强，丰产且稳产，属于丰产型品种。

4. 适栽地域

对立地要求不严，尤其适宜在 1 300 米左右的高海拔地区和气候冷凉、温差较大、光照充足的坡台地域栽植，表现为树势中庸稍强，极易成花，极少抽生秋梢；果实近圆或长圆形，果皮细腻，果点变小，着色艳丽；果肉黄色，细脆、汁多、味甜芳香、品质优佳。极耐贮易运，普通果库可贮到翌年 6 月初。

（三）斗南

1. 品种来源

日本从麻黑 7 号实生苗中选出育成，有望成为较高海拔地区推广的晚熟良种之一。

2. 果实性状

果实圆锥形，端正，果型指数 0.90；果个大，单果重 275~340 克；果梗较粗，萼洼深广，果顶较平，有不明显的 5 个凸起。果面洁净亮丽，果皮较富士薄，底色黄，全面着鲜红色，果点小，果肉乳黄色，质细而脆，汁多。味甜，香气浓，在晚熟品种中风味最佳，去皮硬度 6.8 千克/平方厘米，可溶性固形物含量 15.1%。10 月中旬成熟，果实生育期 165 天。耐贮藏，普通果库可贮存至翌年 4 月份。

3. 生物学特性

树势强健，树姿较直立，萌芽率和成枝力均强，分别为 72% 和 71.4%。一年生枝条红褐色，生长粗壮，高接当年可达 1.5 米以上，皮孔椭圆形，大且明显，节间长 2~4 厘米。易成花，高接当年可形成少量花芽，第二年成花充足。适应性强，在高寒、干旱地域栽培，未发生抽条和冻害；抗粗皮病，轻度感白粉病。

（四）爱佳香

1. 品种来源

日本长野县长野市藤牧秀夫氏从富士实生苗中选育而出，外观优于富士，是富士最有希望的换代新品系。

2. 果实性状

果实长圆形，高桩，果个大，单果重 440 克，最大果 500 克；果皮底色黄绿，全面着鲜红色，并有浓红条纹；果肉较硬，质细，酸味少，品质和风味超群。可溶性固形物含量 14%~16%，在长野县于 10 月中下旬成熟，比新红星"蜜果"多，比富士早熟约 10 天。

3. 生长发育特性

树势中庸，树姿较开张，其他特性似富士。

（五）黄富士

日本弘前大学用弘大 1 号×富士育成。果实圆形，单果重 300 克。果皮黄色，果肉黄色，质细、致密，多汁，硬度 6.80 千克/平方厘米，可溶性固形物含量 14%~16%，含酸量 3%，品质极佳。10 月中下旬成熟。比其他富士耐贮，冷藏条件下可贮放 6 个月仍不皱皮。

（六）王富

日本青森县南部町本氏从自家果园选育出大果型富士芽变品系。果实椭圆形，果个特大，单果重 500 ~ 800 克，果梗粗，果实全面着浓红色，质细，汁多，糖度高，口感好，风味似富士。在青森 10 月下旬成熟，不裂果、易着色、不落果、耐贮藏。

（七）皇家富士 21 号

富士枝变。属着色二系。果个大，单果重 350 克左右，果实着色好，不需套袋和摘叶；果肉较硬，果汁、贮藏性等似红富士。是富士枝变晚熟品系中最好的，10 月上中旬成熟。采收期比富士早。

（八）七户一号

从皇家富士 21 号枝变选出的果型大、外观美的新品系。果实圆形，外观美，果个大、均匀，单果重 400 克。易上色，全面浓红色，深红条纹，果肉较硬，致密，汁多，含糖量高，品质极佳，采收期为 10 月下旬。贮藏性似富士，为 21 世纪理想的省工栽培新品系。

四、加工鲜食兼用品种

（一）澳洲青苹

1. 来源与发展

别名史密斯，原产澳大利亚，是一个世界知名的绿色品种。原母树于 19 世纪中叶在澳大利亚新南威尔士州 Parramatta 河附近 Ryde 村 Thomas Smith 夫人的农家后院中发现，1868 年左右，以其果实青翠、品质良好、耐贮易运受人瞩目，并开始在当地少量发展。1895 年新南威尔士州立农业试验站首次引种，在 Bathurst 地方栽培。20 世纪后，栽者渐多，果实运销英国、南非等地，很受消费者欢迎，现已成为一个世界性的品种。

中国农业科学院于 1974 年首次将此品种从阿尔巴尼亚引入

我国，同年传入河北省，1977 年昌黎果树所从英国直接购入无病毒苗木，在河北各地引种试栽。20 世纪 70 年代以来相继发现短枝型，目前在美国推广的有矮青苹（Granny Spur）和格林系矮青（Green Spur Granny Smith），1982 年引入辽宁省果树场，1983 年引入陕西果树所。

2. 果实性状

果实扁圆形或近圆形，萼洼窄浅，果个大，平均单果重 210 克，最大单果重 240 克。果面光滑，全部为翠绿色，梗洼处色较深，阳面稍有淡红晕；果顶点密生，果面至果肩渐少；果皮较厚且韧，果肉绿白色，质粗、松脆、汁多，味酸少甜，含可溶性固形物 13.5%，品质中上。10 月中下旬成熟，成熟期一致，不落果，普通果库可贮放至翌年 4 ~ 5 月份，经贮藏后，风味更佳，主要用于榨汁。

3. 主要生物学特性

树势强健，树姿直立，树冠中等，呈圆锥形。萌芽率、成枝力均较强，分枝较多，角度偏小。一年生枝深褐色，粗壮，较直顺，皮孔中多，较大，稍秃；多年生枝黄褐色，光滑，皮孔多而大、凸出、显著。结果较早，较丰产。初果树以短果枝结果为主，长果枝、中果枝均有，并有腋花芽结果习性，坐果率中等，果台枝抽生能力中等，连续结果能力强，大小年结果差异不显著。

4. 适栽区域

适应性广，抗逆性较强，宜在海拔 600 ~ 800 米地域栽植，尤其在果汁加工厂附近，作为加工鲜食兼用品种重点发展，前景较好。

（二）乔纳金

1. 来源与发展

美国纽约州农业试验站于 1943 年用金冠 × 红玉杂交育成，1953 年入选，1968 年发表。因该品种适应性强，优质、丰产，先在美国推广，欧洲许多国家及日本相继引入栽培，并在一些国家成为重要的栽培品种。1979～1981年我国从日本、荷兰和比利时相继引入到河北昌黎、陕西旬邑试栽成功，目前，已成为世界性的苹果优良品种。日本和比利时相继选出了浓红系芽变新乔纳金等新品系，进一步促进了该品种在世界的发展，也是我国近年来仅次于富士系、嘎拉系、元帅系短枝型发展面积最大的苹果品种。

2. 果实性状

果实近圆形，果个大。整齐度高，平均单果重250克，最大单果重400克以上。果面光洁，无锈，蜡质多，油亮，果点小，外观美；果皮较薄，稍脆，果皮底色黄绿，全面着橙红色及浓红条纹。果肉浅黄色，质细、松脆、汁多，酸甜适度，芳香味浓，果实去皮硬度8.0千克/平方厘米，可溶性固形物含量14.6%以上。9月下旬至10月上旬成熟，较耐贮藏，普通果库可贮至翌年2月，有油渍现象而不皱皮。

3. 主要生物学特性

属三倍体品种，树势强健，树姿开张，树冠较大，呈半圆形。萌芽力较高，成枝力较强。分枝角度大。一年生枝深褐色，粗壮、稍弯曲，皮孔较多而大，圆形凸出，多年生枝浅褐色，皮孔少，凸出显著。叶片大，向上纵翻卷，叶被绒毛，白而多是其品种显著特征。易成花、结果早，乔化密植后3～4年开始结果，以中、短果枝结果为主，丰产性强，似秦冠，大小年结果现象不显著。成熟一致，熟前不易落果。矮化栽培，干性较弱，品种与矮砧结合部有"大脚"现象。抗白粉病能力稍差，干旱年份引起6月生理落果，栽植时需配2个授粉品种。如留果过多，树势易衰，并产生大小年结果现象；早采果，有涩味，宜适当晚采。

4. 适栽地域

适应性强，栽培范围广，苹果适生区均可栽培，尤宜于海拔较高（1 200米以上）、气候冷凉、昼夜温差大的地区栽植，在生产上明显地表现出丰产、稳产、色艳、质细、味浓、耐贮等特点，果品具有很强市场竞争力。总之，该品种具美丽的商品外观和浓郁的风味，对今后开拓欧美鲜果、果汁市场有一定的发展潜力，在国内将成为一个重点鲜食加工兼用品种。

第三章 苹果园的建立

一、园地选择和规划

(一) 园地选择

建园时，应综合考虑当地的气候条件、土壤条件、灌溉条件、地势和地形等情况。坚持适地适栽原则。

绝大多数苹果品种，其经济栽培的最适宜区气候条件为：年平均气温为 8～12℃，年降水量为 560～750 毫米。1 月中旬平均气温在 -14℃以上，年极端最低温度为 -27℃，6～8 月份平均气温为 14～23℃。

土层深厚（在 1 米以上），土壤 pH 值为 5.5～7.5，土壤含盐量在 0.28% 以下，地下水位在 1 米以下。

果园附近应有充足的深井水或河流、水库等清洁水源，能够及时灌水，以满足苹果不同生长时期对土壤水分的需要。避免使用污水或已被有害物质污染的地表水。

苹果适合于平原、丘陵和坡地栽培，但是，以地势较平坦或坡度角小于 5°的缓坡地建园较好。因为该种地势光照充足、昼夜温差大、通风良好，有利于生产优质苹果。最好选南坡或西南坡建园，坡度角在 10°～20°的山坡地段，应先修梯田，后栽树。

(二) 园地规划

苹果园的园地选定以后，要本着"因地制宜，节约用地，合理安排，便于管理，园貌整齐，面向长远"的原则。面积较大的园地（50 米 ×667 米以上），就要对园地进行全面、合理的规划设计，安排好栽植小区、道路系统、排灌系统、防风系统和其他辅助设施等。一般辅助设施尽量不占用好地，并安排在果园中心位置和交通便利处。要绘制出详细的布局图。各部分占地的比例是：果园占地90%，道路系统占地3%，排水系统占地1%，防风系统占地5%，其他辅助设施占地1%。

二、土壤改良和整地

苹果树在生长发育过程中，需要从土壤中吸收大量的营养元素和水分，以满足进行生命活动的需要。但是，为了不与粮、棉争地，果园多建在土壤瘠薄的盐碱地、沙荒地和山坡丘陵地上。因此，为了实现苹果的高产、优质和可持续发展，在建园以前必须做好盐碱地、沙荒地和山坡丘陵地的土壤改良工作。

（一）盐碱地改良

苹果的耐盐能力较差，当土壤中总盐含量超过0.3%时，果树根系生长不良，叶片黄化甚至白化，发生缺素症，树体易早衰，经济寿命缩短，产量低，品质差，经济效益下降。因此，在盐碱地栽植苹果树时，必须进行土壤改良。改良措施如下。

1. 引水洗盐

方法是：在果园顺行间，每隔20~30米挖一道排水沟。一般沟深1米，上宽1.5米，底宽0.5~1米。排水沟与较大较深的排水支渠及排水干渠相连。各种渠道要有一定的比降，以利于排水通畅，将盐碱排出园外。园内要定期引水进行灌溉，达到灌水洗盐的目的。在生长季勤中耕，可防止盐碱上升，效果更好。

2. 深耕施有机肥

有机肥除含有苹果所需要的营养物质外，还含有对碱地有中和作用的有机酸。同时，肥料中的有机质可改良土壤理化性状，促进团粒结构的形成，提高土壤肥力，减少蒸发，防止返碱。

3. 种植绿肥作物

种植绿肥作物，可增加土壤有机质，改善土壤理化性状。同时，绿肥的枝叶对地面具有覆盖作用，可减少土壤水分蒸发，抑制盐碱上升。

4. 地面覆盖

地面铺沙、盖草或其他物质，可防止盐碱上升。据山西省文水县果园试验报道，于干旱季节在盐碱地上铺 10 ~ 15 厘米的沙子或覆盖 15 ~ 20 厘米的杂草，既能保持土壤墒情，又能防止盐碱上升。

（二）沙荒地改良

改良沙荒地，可采用以下方法。

1. 压土改良

此法适用于在沙层下部无土层的沙荒地。一般常采用以"黏土压沙"和大量增施有机肥相结合的方法。即在压黏土的同时，施入大量的农家肥料，结合翻耕，使土肥与沙充分混合。

2. 深翻改良

此法适用于沙层下部有黄土层或黏土层的沙荒地。具体方法是，通过挖沟将沙层下的黄土或黏土翻到土壤表层，待充分风化后，再施入有机肥并与沙土混合。从而达到改良的目的。

此外，通过采取引洪漫沙、营造防风林固沙，以及种植绿肥作物、提高土壤有机质含量等措施，也均可以起到改良沙荒地的作用。

（三）山坡丘陵地改良

可以采用以下方法改良山坡丘陵地：

1. 修筑水平梯田

水平梯田有利于缩小集流面积，减少地表径流，保持水土，增厚土层，提高肥力。一般修筑得比较完善的梯田，应该达到以下的标准：梯田宽 5 米以上，梯壁厚度在 3.5 米以下，向内倾斜 60° ~ 70° 角；梯田长度不小于 20 米；梯田面外高内低，即果农俗称的"外撅嘴，内流水"；实行竹节沟、贮水坝与排水簸箕三配套，以便降水少时将水贮积于梯田，降水多时顺沟将水排出，从而达到保土、蓄水和保肥的目的。

2. 改良土壤

根据地形、坡度和土质等情况，在遇到磐石、卵石、酥石层或黏土层时，应采用开大沟，挖大坑，炸药爆破炸碎磐石、酥石层和黏土层的方法，清除石块，换上好土，并加施农家肥回填土坑，即可将荒山秃岭变成高产的苹果园。

三、苗木选择和贮存

苗木是果树生长的重要基础，苗木质量的优劣，苗木的消毒、包装运输以及假植每个环节完成的好坏，不仅直接影响栽植成活率和成活后植株的生长量与整齐度，而且对苹果树结果的早晚、产量的多少、品质的优劣以及寿命的长短，都有长远的影响。因此，必须认真做好苹果树苗木选择及其贮运的每一个环节的工作。

（一）苗木分级标准

合格苗木的基本要求是：品种纯正，砧木一致，砧穗协调，枝条健壮，充分成熟，具有一定的高度和粗度，芽子饱满，根系发达，新鲜根系多，嫁接部位愈合良好，不携带病虫。

（二）苗木消毒与包装

1. 苗木清毒

对于自育和外购的苗木进行消毒，杀除苗木上的害虫卵和病菌，是新建苹果园防止病虫害传播的有效措施。因此，必须认真仔细地做好苹果苗木的消毒工作。目前，常用的消毒方法有以下几种。

（1）浸泡杀毒法　对苹果苗木进行浸泡杀毒时，用3~5波美度石灰硫黄合剂水溶液，浸苗10~20分钟，然后用清水将根部冲洗干净，或用1:1:100的波尔多液，浸苗20分钟左右，再用清水冲洗根部。此法可杀死大量有害病菌，对苗木起到保护作用。

（2）熏蒸杀毒法 进行熏蒸杀毒时，将苗木放置在密闭的室内或箱子中，按每 10 立方米容积用 3 克氯酸钾、4.5 克硫黄、9 毫升水的配方，先将硫黄倒入水中，再加氯酸钾，然后人员立即离开。将苹果苗木熏蒸 24 小时后，打开门窗，待毒气散净后，人员才能入室取苗。进行熏蒸杀虫消毒的操作时，工作人员一定要注意安全。为了搞好苹果的绿色无公害生产，禁止使用升汞、1605、氰化钾等剧毒药物进行苹果苗木的杀虫和消毒工作。

2. 苗木的包装

苹果苗木进行消毒后，应立即进行包装，使苗木保持新鲜状态，以提高栽植成活率。包装材料应就地取材，一般以价廉、质轻、坚韧并能吸足水分保持湿度，而不致迅速霉烂、发热、破散者为好，如草帘、蒲包和草袋等。填充物可用碎稻草、稻糠、木屑和苔藓等。绑缚材料用草绳、麻绳和塑料绳等。包装时，每捆50～100 株，根部可向一侧或根对根摆放。先用草帘将根包好，其内加添填充物。包裹好的苗木，每捆应挂牢标签。标签上应注明其品种、等级、数量、出圃日期、生产单位和地址。

（三）苗木假植

苗木不能及时外运者，或苗木运达目的地后，不能立即栽植或来年春季方可栽植者，则要临时假植或越冬假植，以防风干和受冻。具体做法是：短期假植可挖浅沟，将苗木根部埋在地面以下，浇上水即可。越冬假植，则应选择地势平坦、避风向阳、不易积水处挖沟假植。假植沟深 60～80 厘米，宽 1 米左右，长度视苗木数量而定。最好南北延长开沟，苗尖向南倾斜放入，根部和基部均以湿土填充。在严寒地区，要求培土到定干高度（80厘米以上）。然后，浇透水，使土与苗根密接，防止苗木干枯。

苹果苗木数量较少时，可利用菜窖贮存或挖一土窖埋存。进行窖存时，将苗木放入窖内，使其根部朝下，用湿细土培实，浇足水即可。

四、品种选择与配置

（一）品种选择的意义

近年来，我国选育和引进的苹果品种达 700 余个。各地在发展苹果生产时，一定要按照我国政府根据苹果生产现状和国内外市场分析，所提出的"高起点发展，低成本扩张，高标准运营"的发展思路，以及"抓质量，走出去，上台阶"的发展战略，结合当地环境（如气温、降水量、土壤质地和无霜期等）条件，根据物竞天择，适者生存这一自然规律，适地适栽地发展新品种，避免劳民伤财现象的发生。

选择苹果品种，应结合当地交通状况和周边发展环境，利用当地品牌，开展品牌战略，扩大规模，形成龙头，增加收入。

苹果有自花不实现象，即使能白花结果，但结果率也很低，难以保证丰产需求，而异花授粉的结实率却可显著提高。因此，建园时确定主栽品种后，选配适宜的授粉品种十分重要。

（二）配置原则

1. 品种数量配置

在同一果园内，栽植品种数量不宜过多，面积近 7 公顷（约 104 亩）的果园，宜栽植 3~4 个品种。而面积较小、以家庭为单位建园时，以栽植 2~3 个品种为宜，这有利于劳动力的安排和生产管理。

2. 品种类型配置

为了使将来成园后，园貌整齐一致，便于采用相同的管理方法，在同一园片内，应注意配置砧—穗组合生长势和树冠大小相近的品种。

3. 成熟期的配置

应根据市场需求情况，进行早、中、晚熟品种适当配熟。近城区，可多栽植果实成熟期较早、不耐贮运的苹果品种。远离城市的地区，则应多栽植果实耐贮运、货架期长的品种，以便同时或先后相继地进行果实采收，管理起来较为方便。

4. 授粉树的配置

苹果自花结实率很低，建园栽树时必须将两个以上品种相互搭配，以利于授粉。若主栽品种为三倍体（如红乔纳金）时，因其花粉败育率高，还需配置两个或两个以上的授粉品种。要求授粉树距主栽品种树不超过 30 米，使一株授粉树能为其周围 4～5 株主栽品种授粉，配置比例以 1：4～5 为宜。良好的授粉树应具备的条件是：对当地的生态条件有较强的适应性，与主栽品种的管理措施相似；开始结果的年龄和花期，应与主栽品种基本一致；经济寿命长，大小年结果现象不明显；花粉量大，能与主栽品种相互授粉，结实良好；果实品种好，商品价值高。

（三）配置方法

1. 中心式

常用于一个品种多、另一品种极少、呈正方形栽植的小型果园。一般是在一株授粉树周围栽植 8 株主栽品种树，主栽品种树株数占果园苹果树总株数的 90% 左右。

2. 少量式

适用于较大型果园。配置时，沿果园小区周边方向成行栽植。一般每隔 3～4 行主栽品种树，栽一行授粉品种树，主栽品种树株数占果园总株数的 80% 左右。

3. 等量式

两个品种间不分主次，一个品种树栽植 2～3 行后，栽另一个品种树 2～3 行，以利于田间管理。两种树的株数各占全园总株数的 50%。

4. 复合式

在同一园片栽植 3 个不分主次的品种时，一般以每个品种树 1～2 行的行数，进行 3 个品种树之间的轮番相间排列，每个品种树占全园总株数的 33% 左右。

五、规范化定植

（一）定植密度和方式

1. 定植密度

定植密度是指单位面积内栽植的株数。定植密度过稀，光能利用率低，单位面积果品产量低，但果实受光条件好，质量高，也便于机械化管理。定植过密，早期产量上升快，但后期果园郁闭，管理不便，果实产量和品质迅速下降。

为了既有利于提高早期产量，又利于持续的高产和优质，既能充分利用土地和光能，又便于现代化管理，我们结合多年苹果栽培经验，认为乔砧苹果的栽培密度，在低海拔、肥水条件好、土层深厚而肥沃的平地或山地，株行距以 4 米 × 6 米或 3 米 × 5 米，每亩定植以 27.8 ~ 44.4 株为宜；在高海拔肥水条件较差、土壤瘠薄的山丘地，可采用 3 米 × 4.5 米或 3 米 × 4 米的株行距，每亩定植 41.6 ~ 55.5 株。矮砧苹果多适宜在肥水条件好、土质肥沃的平地或山丘地栽培，其密度一般为 2 米 × 4 米或 2 米 × 3 米，每亩定植 83.4 ~ 111 株。矮枝型苹果树的栽植密度，根据砧木种类而有所不同。采用乔化砧木的，栽植密度宜用 3 米 × 5 米或 3 米 × 4 米，每亩定植 44.4 ~ 55.5 株；采用矮化砧木的，宜用 2 米 × 4 米或 1.5 米 × 3 米，每亩定植 83.4 ~ 148.2 株。

2. 定植方式

在定植密度确定后，应根据不同的地形，本着充分利用土地和光能，提高单位面积产量，便于现代化日常管理的原则，确定栽植方式。常用的栽植方式有长方形、三角形、顺梯田等高定植及加临时株的计划性密植等。

（1）平原滩地果园的栽植方式　多采用行距大、株距小的长方形定植方式。其优点是通风透光良好，果实着色艳丽，品质优良；便于管理和机械化作业。为提高果园前期产量，可在永久株间加栽临时株（不提倡加栽临时行）的计划性密植。临时株不考虑树形，以控制、早产、让路为原则，影响永久株生长时进行间伐。

（2）山地梯田的栽植方式　常根据梯田面的宽窄确定栽植方式。梯田面较宽时，可采用长方形栽植；梯田面较窄时，可采用三角形栽植；梯田面很窄时，只可采用单行栽植，定植位置宜在梯田外埂 1/3 的地方，并尽量使相邻上下梯田之间的植株错开，以利于树冠扩大。

（二）定植时期

苹果树的栽植时期，一般可分为春季、早秋和秋季 3 个时期——春季为常规定植，早秋为带叶定植，秋季为去叶定植。具体栽植时期，可根据当地的气候条件而定。

1. 春季定植

在土壤化冻后、苗木发芽前进行。在冬季严寒、风大、干燥少雪的地区，常进行春季栽植。这虽然发芽晚，缓苗期长，但成活率较高，并可减少秋植时埋土越冬防寒的人工费用。

2. 早秋带叶定植

在北方苹果产区，秋季多阴雨天气，是苹果苗木定植的有利时期。早秋带叶栽植，多于 9 月中旬至 10 月上旬进行。由于这时土壤墒情好，根系恢复快，并且苗木带有大量的叶片，能进行正常的光合作用，可以制造和积累一定的光合产物；有利于根系再生。所以，定植后成活率高，并能在翌年春天生长旺盛。带叶栽植应具备以下条件：就地育苗，就近栽植；起苗时少伤根，多带土，不摘叶，随挖随栽，选雨天或雨前定植，提高成活率。

3. 秋季去叶定植

在晚秋苗木落叶后、土壤结冻前进行。此时，土壤的温度和墒情均有利于根系伤口的愈合和新根的生长。因此，苗木定植后翌年春天发芽早，新梢生长旺，成活率高。在冬季风多寒冷地区，栽后要灌透水，并在土壤结冻前按倒苗木，埋土越冬。

（三）定植方法

1. 定植沟穴的规格

一般对于株距小于 2 米的，宜顺行向挖定植沟，沟深 60 ~ 80 厘米，宽 80 ~ 100 厘米；而株距大于 3 米时，应挖深 60 ~ 80 厘米，宽、长各 80 ~ 100 厘米的定植穴。

2. 挖掘定植沟穴的时间

为了使土壤有一定的熟化时间，挖定植沟或定植穴，宜安排在栽树前 3 ~ 5 个月完成，如春栽最好在前一年入冬前完成，秋栽宜在夏季完成。

3. 挖掘定植沟穴的方法

首先用测绳或钢卷尺标出定植点，然后开挖。挖掘时，沟、穴壁要垂直向下，表土和底土要分开搁放。栽植面积较大时，也可用机械挖沟或开穴，如旋坑机，每分钟可打坑 3 个左右。

4. 定植沟穴的施肥

在农作物秸秆丰富的地区，可在定植沟、穴的底部，采用表土在下，底土在上，一层秸秆一层土的方法，分层放入已碾压破碎的秸秆，每亩用量为 2 000 ~ 4 000 千克。填到距离地表 30 厘米左右时，上铺 5 ~ 10 厘米表土，灌水沉实后等待栽树。

底肥以充分腐熟的优质农家圈肥为主时，每亩用量为 4 000 ~ 5 000 千克。可将肥料与土混匀后填入定植沟或定植穴中，并灌透水。

5. 苗木的栽植

栽植前，将回填沉实的定植沟或定植穴底部堆成馒头形，一般距地面 25 厘米左右。将苗木放在正中央，舒展根系，扶正苗木，横竖标齐，随后填入表土，轻轻提苗，保证根系舒展并与土壤密接，然后用土封坑踏实，平整树盘并灌水。

6. 栽植的深度

栽植深度以苗木在苗圃时的深度为宜，嫁接口要略高出地面，矮化中间砧和矮化自根砧苗木，以接口高出地面 5 厘米为宜。

7. 地面覆盖

苗木定植后，保持良好的土壤温度和土壤墒情，是提高栽植成活率的关键措施。根据多年的栽植经验，栽植后在地面覆盖塑料薄膜，不仅能提高成活率，还可促进幼树的生长。覆膜时，沿行向拉展塑料薄膜，遇有苗木时，将薄膜剪开一口，横过苗木基部，膜的两边和剪口处用土压紧，膜的宽度以 80 ~ 100 厘米为宜。亦可采用树盘下盖 1 平方米地膜、四周用土压紧的方法。

8. 苗木的定干

苗木在发芽前要在预定的高度定干。也有的在栽前就已经剪截定干。定干高度应根据栽植密度和将来所选树形而定。一般多在 80 ~ 100 厘米高、有 3 ~ 5 个饱满芽处定干。

9. 苗木的套袋

在春季干燥多风地区，或金龟子等食叶害虫猖獗的地区，为促进苗木成活率和健壮生长，防止害虫危害所造成缺枝现象的发生，苗木定植后必须进行套袋。具体方法是，用旧书、报纸制成直径 10 厘米左右、长度大于苗定干高度 10 ~ 15 厘米的细长纸袋，待苗木定干后套在其身上，下侧用土压紧，并使顶部略高于苗木 5 厘米左右，以利于苗木侧芽生长。待苗木发芽或害虫危害期过后，选择连阴天或晴天下午 16 时后脱袋，以避免幼嫩枝叶发生日灼。亦可在脱袋前 3 ~ 5 天，将所套袋撕 3 ~ 5 个小孔通风透光，锻炼枝叶对自然条件的适应能力后脱袋。

第四章　苹果土肥水管理

　　土壤是果树得以固定和生长发育的基础，是由矿物质、有机质、水分、空气和生物等所组成的能够生长作物的疏松表层。苹果树大根深，长期需要从土壤中吸收大量的水分、养分，并合成和贮藏新的物质，供给树体生长发育和进行生命活动的需要。

一、土壤管理

　　陕西渭北黄土高原、渤海湾是我国苹果的优生区。黄土高原虽然土层深厚，但一般水土流失严重，土壤瘠薄，有机质含量低；胶东、辽东半岛山坡地活土层较薄，土壤肥力也不高，必须采取行之有效的措施进行改良，加厚活土层，增加有机质。保持水分，提高肥力。

（一）深翻熟化

　　深翻熟化果园土壤管理的基本方法。果园土壤深翻熟化作用：一是改善土壤结构和理化性状，促进土壤团粒结构形成。据调查，深翻后的园土容重由 1.40 降低到 1.29，孔隙度由 47.27% 增加到 52.18%，土壤含水量增加 2% ~ 4%；二是结合施肥可增加土壤有机质，提高熟化程度和肥力。深翻施肥后土壤有机质含量增加 0.32%，土壤含氮量增加 0.012%，速效磷、速效钾明显增加，土中微生物增加 1.29 倍；三是深翻一方面促进根系纵深伸长和横向分布，明显地增加了根的密度和数量（侧根增加两倍以上，吸收根增加 3 ~ 6 倍），因而，显著地提高根系的吸收能力。另一方面，促进地上部的生长发育和增强光合作用，表现为树体健壮、新梢粗长、叶色浓绿；幼树生长成形快，易成花，早结果，早丰产；结果树产量高，品质好，寿命长。一般深翻效果可维持4~5年。

1. 深翻时期

深翻应结合施肥同时进行，秋天降雨多，墒情好，土温适，时间长，有利于根系恢复和蓄水培肥。一般以9月中下旬至10月上旬进行为宜，最晚不超过10月底。何时深翻都应注意保墒，有条件地区深翻后及时浇水。

2. 深翻方式

常用的深翻方式有3种：第一种是放树盘扩穴（图4-1）。幼树期间，在挖坑栽植的基础上，根据根系伸展情况，从定植坑向外逐年扩穴深翻，直至株、行连通；第二种是条沟深翻（图4-2）。幼树定植前采取开挖定植沟的园地，每年可沿栽植沟外缘继续开挖，3~4年内全园翻通；第三种是隔行深翻。盛果期树根系已布满全园，隔1行翻1行，逐年分期深翻，每次只伤一侧根系，对果树生长结果影响较小。应纵向破除障碍，横向打通隔墙，多施有机肥。部位应距主干1米以外至树冠投影下为界，先株间，后行间开挖深宽各50~60厘米的条沟，2~3年翻一遍。

3. 深翻深度

一般要求幼树园达到60~80厘米，成龄园达到60厘米上下。如土壤黏重、紧实或有姜石、砂砾的园地应深些，而土层深厚、疏松的园地宜浅些。

4. 深翻方法

幼树期可用深耕犁机耕，树冠较大时则应以人工深翻为主。

5. 注意事项

深翻时无论采用什么方式都要与前次深翻位置接茬，不留隔墙。尽量少伤根，尤其粗度1厘米以上主侧根不可切断；沙强掺黏、黏重加沙，遇石爆破，淘沙掺土，将改土与熟化并举。把树枝、落叶、秸秆、绿肥及草皮、表土混入少许有机肥填入底部，

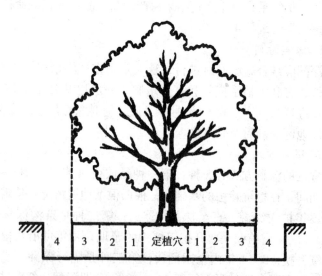

1. 第一年深翻; 2. 第二年深翻; 3. 第三年深翻; 4. 第四年深翻

图 4 - 1　果树扩穴深翻示意图

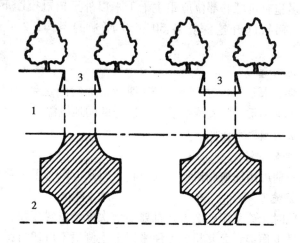

1. 断面图; 2. 平面图; 3. 深翻沟

图 4 - 2　果树翻隔行深翻示意图

再将表土与农家肥混匀填入沟中部，后填覆底土。注意保护根系，不可长时间暴晒，更不能受冻；填土后应及时浇透水，以利根系与土壤密接，迅速恢复生长。无灌溉条件的园地，应边开沟边回填、边回填边踏实，以保墒情。

（二）秋耕

秋耕要每年进行一次，即果实采收后根系生长正处于高峰期，及时深耕不仅有利于根系愈合，还促使产生新根；抑制秋梢及时停长，促使枝条成熟，利于养分积累和安全越冬；还可接纳大量秋雨，满足果树来年生长需要；铲除多年生宿根杂草，消灭入土越冬害虫。秋耕深度以 20～30 厘米为宜，耕后及时耙耱整平。

（三）覆盖保墒

覆盖常用的材料有作物秸秆、绿肥和地膜 3 种。

1. 秸秆覆盖

秸秆覆盖效应主要表现在：一是保墒性能好，可减少地表水分蒸发量 60% 以上，提高土壤含水量 2.39%～4.67%，干旱年份提高 6% 左右；又据山东等地调查，仅覆草后减少土壤水分蒸发和地表径流可增加降水量为 400～500 毫米，使地表 20 厘米土层含水量常年稳定在 19.05%～21.95%；二是缩小地温变幅，夏季不过高，冬季不过冷，有利根系生长和活动。据调查，5～20 厘米覆草区地温分别低于对照 2.2～4.1℃，保持在 24.3～28℃。又据调查，秸秆覆盖 5 年，覆盖材料腐烂，使土壤内矿质营养元素增加，团粒结构显著提高 6.8%～28.2%，有机质增加 1.0%～1.3%；三是土壤疏松，增加透气性，有利于土壤养分被果树吸收利用。在干旱、半干旱和土壤贫瘠地区的果园应大力推行覆草技术。

覆盖材料可用麦秸、玉米秆、豆秆以及其他作物秸秆和绿肥、杂草等，较大的秸秆如玉米秆应铡碎后覆盖于树盘、树行或全园地表。覆盖厚度以 15～20 厘米为宜，在覆盖物上要适当压土，以防风刮及火灾。树行覆盖每亩需覆盖物 1 000 ~ 1 250 千克，全园覆盖需 2 000 ~ 2 500 千克。

2. 地膜覆盖

地膜覆盖效应主要表现在：据调查，覆膜后提高土壤含水量 2.90% ~ 7.73%；春季可提高地温 2.03 ~ 5.83℃。覆膜后降低土壤容重 0.0547 克/立方厘米，增加土壤孔隙度 4.6796，降低坚实度 -11.01 千克/厘米。4 ~ 6 月份增加速效磷 3.0 ~ 17 毫克/千克，速效钾 80 ~ 95 毫克/千克；距地面 70 厘米处光照强度提高 30.9%，冠下净光合提高 18.7%。另外，苹果幼树覆盖地膜，一可提高成活率 27% ~ 35%，使其成活率达到 95% ~ 100%；二可促进根系生长，提早发芽；三可促进成花，增加坐果，提高产量；四可减少病虫为害和控制杂草生长。

覆盖的地膜因材质、颜色和用途不同而有许多种，用途最广的是无色透明地膜。覆盖的时期因用途不同而时间不一，以保墒促长为目的的覆盖应在早春或出现干旱以前进行；以促进着色改善品质为目的的覆盖，应于果实成熟前半月到一月进行，宜选用银白色反光膜。覆膜方式也有树盘覆盖、带状覆盖和全园覆盖之分。幼园以树盘和带状覆盖为好，成龄树以全园覆盖为宜。地膜覆盖前应整好地灌足水，覆盖后地膜四周边缘要入土压平封严。

3. 穴贮肥水

缺少水源的旱地和山地果园应大力推广节水、保墒、省工、低成本的"穴贮肥水法"（图 4 - 3）。具体是在果树树冠投影边缘向内 50 厘米处挖 6 ~ 8 个分布均匀的穴坑，坑深 40 厘米，直径 30 厘米，将捆好的略小于坑穴的"草把"垂直放入，将混合的肥土填入坑穴内草把周围，浇水后平整地面，穴口用 80 厘米×80 厘米地膜覆盖，并在中央打一小孔。用瓦片盖住，以利浇水和收集雨水。生长期结合追肥在穴内浇水 3 ~ 4 次。据调查，此法使用一年后，苹果树新梢生长量增加 4.8% ~ 7.4%，结果枝增加 4.9% ~ 7.7%，产量增加 14.5% ~ 31%。

A. 地膜；B. 压孔石块；C. 草把；
D. 压膜土；E. 浇水施肥孔；F. 贮肥穴

图4-3　地膜覆盖穴贮肥水示意图

(四) 果园生草

国外实施果园生草占果园总面积的70%～95%，而在我国苹果主产区土壤管理仍以清耕和间作方式为主，成为与世界果树发达国家的主要差距之一。近年来国内果园生草示范证明，果园生草不仅适于欧美和日本，同样也适于我国，更适于西北黄土高原和渤海湾等苹果主产区。

1. 生草作用

果园生草就是在果园实行全园或行间种植优良的多年生牧草。果园生草的效应：一能防止和减少水土流失。草根在土壤中盘根错节，固土能力强；二是提高土壤有机质含量。生草条件下的土壤团粒结构发育良好，种草5年后土壤有机质含量从0.5%～0.7%提高到1.6%～2%；三是调节土壤湿度，提高水分利用率，春季土壤含水量可增加2%，而雨季草又可吸收并蒸发水分，增强土壤的排涝能力；四是可有效提高土壤营养元素的利用率。草对氮、磷、铁、钙、锌、硼等元素有较强的吸收能力，通过草的转化，可由不可吸收态变成可吸收态，如白三叶草根系有较强的固氮能力。据测算，种植白三叶草，一年每亩可使土壤增加氮素量相当于15千克尿素；五能调节和稳定土壤温度。生草覆盖可使果园土壤温度变幅小，即冬季封冻迟，冻土层浅；早春解冻早，盛夏土壤温度不致过高，有利于根系生长、活动并延长时间；六是营造果园小气候，有利于生产无公害、优质绿色果品。果园生草后，湿度增加，温差加大，十分有利于光合生产和有机营养积累，新梢停长早，易成花，果实上色早而快，含糖高、风味浓；七能促使果树害虫天敌种群数量增加，可减少农药投入，降低农药残留，有利于环境保护；八可有效降低生产成本，便于果园田间作业。生草成坪后可抑制杂草生长，大大减少除草用工；生草的果园管理作业方便，不受天雨影响，不误农时季节。据郑州果树所调查，6年间苹果产量生草园比清耕园平均提高了16.7%～34.6%，优果率提高了20%以上。

2. 草种选择

一般说来，年降水量600毫米上下的果区都可实施果园生草。草种选择的原则是：草高度宜在30～50厘米，较低矮；根系以须根为主，长度在20厘米以内；产草量要大，覆盖率要高；没有与果树共同的病虫害；地面覆盖期长，而旺长期较短；耐阴，耐践踏，易恢复；生草容易，管理省工。

果园生草可以是单一种类，也可以是两种或多种草混种。目前应用最多的草种是豆科的白三叶草与禾本科的早熟禾和黑麦草，较干旱地区宜选择红三叶草。

（1）白三叶草的特性 豆科植物，多年生牧草。耐践踏，再生性好，有主根但不粗大，侧根发达，主要分布在土壤表层20厘米上下，根上有许多根瘤菌，有较强的固氮能力。匍匐茎，每节生出不定根，叶茎长20～30厘米（草的高度），种植来年开白色花，花梗长40厘米，种粒细小。耐寒、耐热性均较强，但不耐盐碱和较长期的干旱，在降雨偏丰的年份和有灌溉条件的果园生草效果十分明显。

（2）种植及管理技术　播种前整平好地并施入肥料。要求亩施入尿素 15 千克，过磷酸钙 30 千克，春、秋季播种均可，旱地果园最好在春末夏初抢墒播种。行间生草每亩播种量需 0.3 ~ 0.5 千克，条播为主、撒播也可。白三叶草种子小，不宜深播，覆土厚度以 0.5 ~ 1 厘米为宜。播种后 4 ~ 6 天出苗，但蹲苗期较长，约 1 个月。出苗后要及时拔除杂草，在成坪前一般要进行两次拔草。覆盖成坪后，杂草即被抑制。生长旺盛的一年可刈割 2 ~ 4 次，每次刈割应留茬 3 ~ 5 厘米。旱地晚播的当年不宜刈割，以利草坪安全越冬。寒冷地区，冬前草未覆盖地面的要进行苦土防寒。每年春、夏季借雨追施尿素每亩 10 ~ 15 千克，促进草生长，以无机肥换有机肥。为了打破根系自然分布，引根反上生长，延续生草 4 ~ 5 年后，秋季趁墒深翻入土，耕清（覆盖）1 ~ 2 年，再重新播种绿肥。

二、科学施肥

苹果树每年生长、结果都需要从土壤中吸收消耗大量的无机营养元素。施肥不断提供和补充苹果树体生长发育阶段所需的营养消耗，并调节营养元素之间的平衡；在土、水、气、热、微生物五大要素中发挥着重要功能，特别在干旱地区的果园，还可发挥以肥调水的重大作用。

（一）苹果树需肥特点

1. 苹果树的矿质营养元素及其作用

苹果生长所需的营养元素，依其在果树体内的多少，分为大量元素和微量元素。氮、磷、钾三要素需量较大，易缺乏；钙、铁、硼、锌、镁、锰、铜等中微量元素需量虽少，但必不可缺。这些矿质营养元素在果树生长发育中都起着重要作用，其生理功能和缺素症状表现如下。

（1）氮　氮是构成植物细胞氨基酸、蛋白质、磷脂和核酸的主要物质，又是叶绿素的重要成分。氮素主要分布在苹果树生长旺盛部位，以叶、花、幼果和根尖、茎尖、形成层等处含量最高，短枝和年龄较幼的枝梢中含量较多。氮能促进营养生长，增加叶面积，提高光合效能，提高枝梢活力并延长其寿命，利于更新复壮；促进花芽分化，提高坐果率，增大果个，提高产量。氮素不足，影响蛋白质形成与光合作用，枝条停长早，细而硬，生长变弱；叶片变小而薄，叶色较淡，花量少，果个小，易畸形，产量低；树体弱，抗性差。长期缺氮，会降低果树抗逆性，缩短寿命。但氮素过多，则造成营养生长旺盛，新梢贪青旺长，组织不充实，幼树易风干，花芽分化不良，落花落果严重，果实着色差，肉质粗，含糖量降低，风味淡，生理病害多，成熟晚，不耐贮。

（2）磷　磷是植物细胞核、酶、维生素的主要成分之一。磷在参与根系吸收和树体新陈代谢过程中，发挥着能量转换和传递的重要作用，能促进碳水化合物的生成、转化和运输。磷酸直接参与呼吸作用的正常进行，并与细胞分裂关系密切。磷能促使枝条迅速通过生长阶段，及时停长，而有利于花芽分化；可促进开花结果，提高产量，促进着色，增加糖度、硬度和贮藏性，增强树体的耐寒、抗旱和抗病能力。一般果树根系吸收的磷随蒸腾流上升，在根和叶中合成后贮备起来。磷不足，分生组织的活动受到影响，表现为新梢、根系生长和吸收功能减弱；萌芽率、成枝率均降低，叶片变小。叶色变为暗绿至青红色，叶脉、叶柄变紫红色，严重时叶缘出现坏死现象；降低产量，果实色泽不鲜艳而发绿，含糖量低而味酸，不耐贮运；花芽形成不良，抗逆性差，甚至早期落叶。磷素过多，则抑制氮的吸收，影响锌、钾、镁的吸收。

（3）钾　钾在树体内主要以无机盐的形式存在，在幼嫩的器官和生长旺盛的部位含量最多。钾可间接地促进蛋白酶的合成，在代谢过程中起催化作用，能促进碳水化合物的合成、运输和贮存，还可促进氮的吸收；能维持细胞原生质的膨胀与失水过程，调节气孔开关，降低蒸腾作用；能促进果树光合作用，促使枝条成熟，提高抗性，减少腐烂病的发生；能促进果实膨大，增加含糖量，促使着色，提高品质。钾不足，生长减弱，抗性降低；新梢细弱，停长较早，叶缘先褪绿；呈黄色，常向上卷曲，后逐渐变褐。焦枯，最后叶片早落；果小色差，品质下降，不耐贮运。

（4）钙 钙参与细胞壁的组成，使各种生物膜具有一定的透性和稳定性；具有磷酸酶激合物质的作用，可促使碳水化合物转化和蛋白质的形成，促进幼根、幼茎生长和根毛的形成，增强吸收功能，保证细胞分裂正常。钙充足，细胞膜分解过程延缓，果实衰老速度缓慢。钙在树体内以果胶酸钙、草酸钙、碳酸钙结晶等形式存在，随蒸腾流运输到各生长中心，而不易移动和不能再度利用，叶内含量最多（3%），而果实含量低（0.1%）。缺钙首先危害幼嫩组织，果实含钙量低时，容易衰老，贮藏力下降，极易产生苹果痘斑病、苦痘病、水心病、裂果等；缺钙时新根粗短、弯曲，叶片较小，叶中心有大片失绿变褐的现象。苹果花后3~6周是幼果吸收钙的高峰期，至7月上旬达到需钙量的90%。解决缺钙的有效措施是在增施有机肥并减少铵态氮肥的基础上，重点抓好花后3~6周和果实成熟前20~30天（套袋果实除袋后）在果实上喷施2~3次500倍高效钙，效果明显。

（5）铁 铁在有氧呼吸和释放能量的代谢过程中有重要作用。铁是细胞色素和叶绿体的结构成分，对叶绿素形成有促进作用，而且是维持叶绿体功能的物理性状所必需的。铁为主动吸收，易与锰、铜、锌、钙、镁等金属阳离子发生颉颃抗用。缺铁时，不能合成叶绿素，新梢顶端叶片先变黄绿或黄白色，而叶脉尚绿，老叶仍保持绿色，以后向下扩展，严重时叶子失绿发黄，出现褐色斑点，最后全叶变褐枯死。缺铁时植株易发生黄叶病，株根系发育受阻，花期延迟，花果变小，果实着色欠佳。缺铁的主要原因是土壤通气不良、碱性过大等。结果树解决缺铁症，重点结合秋季深翻施肥，每株用1%~3%硫酸亚铁0.5千克灌根，春季萌芽期喷布硫酸亚铁等。

（6）锌　锌是多种酶的组成成分，参与生长素、叶绿素的合成，与光合、呼吸作用中吸收、释放二氧化碳有关；可影响碳水化合物的代谢，促进糖由叶向果实输送；能增强果实的持水率，使贮藏期不易失水；还可促进受精，加速卵细胞和胚的发育。成熟叶片合成叶绿素，进行光合作用都要有一定的锌。锌为主动吸收，主要积累在根部。缺锌时，蛋白质合成受阻拦，细胞壁因缺乏生长素而不能伸长，节间变短，叶变黄或有叶斑，严重地影响果树生长发育。苹果缺锌易引起小叶病最明显的症状是叶小，发芽晚，新梢节间短，叶片狭窄、簇生、质脆，病枝花果少而小、畸形、色不正、品质差。结合秋季深翻施肥，每株成树适时适用0.3~0.4千克硫酸锌和萌芽期喷施锌肥，小叶病可逐步被克服。

（7）硼　硼有助于叶绿素的形成，有利于碳水化合物的代谢和运输，与细胞分裂、细胞壁及果胶形成密切相关，能促使花粉生成、花芽和花粉管的发育，促进开花、提高坐果并增加果实中糖和维生素的含量，增进品质；能促进树体内的氮素代谢和改善根系对氧的需要，增强吸收功能。硼为被动吸收，随根系吸收的水流以硼酸状态进入植物体内，活性较差。器官中花含硼最多，其次是叶片。缺硼时，叶绿素形成受阻，叶片变色、提早脱落；细胞激动素的合成降低，生长受阻；花器发育不好，不易授粉受精而早落，果实畸形；果实含糖量低，着色差，味苦、质劣。早春追施硼肥和花期喷硼液是解决缺硼最有效的措施。

2. 苹果树吸收矿质元素的特点

苹果树吸收矿质元素的器官主要靠根系，枝叶也有一定的吸收功能。而根系吸收矿质元素是通过主动的能量代谢，以有机营养与无机营养合成的方式进行，其吸收能力与根部营养状况、地上部对各种营养元素的要求、运输的调节机能等有关。一般根部累积的有机养分越多，根系吸收能力就越强。当叶部光合作用减弱，输送到根部的有机养分减少时，则吸收速度下降，吸收量也减少。处在饥饿状态的果树对肥料很敏感，施肥后吸收率高，利用速度快，肥效明显。当树体营养水平高时，对肥料表现不敏感，须在较高的施肥技术条件下，才能发挥肥料的最大效果，也由于树体营养水平高，养分贮备较多，在中断供肥或供肥不足时，短期内对产量和品质影响不大。根系对营养元素的吸收量还与根域土壤主要营养元素的适宜浓度有关：一般说来，浓度越高，吸收速度越快，吸收量也越多。也与元素间的平衡关系有关，一般需氮、磷、钾最多，而微量元素必不可缺，否则，易引起树体营养失调，导致产生生理病害。在大量元素中，如增施氮肥，而不相应地增施磷、钾肥，就会出现磷、钾不足，反之，如氮肥不足，又会出现磷、钾过剩，而影响氮的吸收。可见，肥料种类施用量不足和配比不适都会影响根系的吸收。

由于苹果树长期在一个地方选择吸收养分，往往造成主要矿质元素贫乏，同时，根系分泌物的长期积累，也不利于果树生长发育。因此，要在补充肥料的同时，进行必要土壤改良，为根系吸收养分创造条件。

矿质元素进入果树体内以后，随着物候期的变化，供应和运转中心有几次变化，但与果树生长中心相一致。早春花芽萌动及开花期，养分优先供给有花枝条和花器官；落花后养分供应新梢最多，而至新梢旺盛生长后期，开始向短枝运转，至花芽分化盛期，向短枝运输达到显著程度；从果实膨大到采收，养分主要供应果实和种子发育；落叶前，大部分养分回移、贮藏在老枝、老根中，供来年生育所用。果树利用和分配营养的这种规律性，可为制定合理的施肥方案提供依据。

（二）施肥技术

1. 基肥

基肥是以有机肥为主，且较长时期供给树体多种养分的基础肥料。施基肥应突出"熟、早、饱、全、深、匀"的技术要求，即有机肥要堆沤熟化，时间要早（落叶前1个月），数量要足（占全年施肥量70%以上），成分要全（有机、无机、大量、微量元素相结合），部位要深（根系集中分布区内），搅拌均匀（有机与无机、肥与土）。基肥宜于秋季（9月中旬至10月中旬）施入，越早越好。各地经验表明，基肥秋施比春施好，早秋施比晚秋或初冬施好。其原因一是此时气温较高，土温适宜，水分充足，有机肥腐熟较快，分解期长，易被根系吸收利用，有利于提高肥效；二是有利于提高树体营养贮藏水平，协调营养生长与生殖生长关系。肥料中的速效养分易被正处在第三次生长高峰的根系吸收，增强了秋叶功能，养分积累多，使得芽子充实、饱满，后期花芽发育良好，为来年开花坐果奠定了基础。而迟效养分经较长时期的腐熟分解，春季被陆续吸收均衡利用，提高了中短枝质量，并促使春梢及时停长，为花芽分化创造条件；三是有利于根系更新复壮，提高了养分吸收、合成功能。早秋根系正值最后一次生长高峰期，受伤根系易愈合恢复，有利于促发新根，且多为有效吸收根；四是提高土温，保持水分，增强树体的越冬抗寒能力；五是避免树梢徒长，导致枝条"抽干"或幼树"风干"。

（1）肥料种类　以粪肥、厩肥、堆肥、沼肥、复合肥、绿肥和秸秆等有机肥为主，适量搭配磷肥和少量氮肥。

（2）施肥量　一般认为，有机肥施用量亩产1 000千克以上的苹果园应达到"1千克果1.5千克肥"；亩产2 000～3 000千克的丰产园应达到"1千克果2.0千克肥"的标准。在苹果适生区尤其最佳优生地区施用有机肥越多越好，具体施肥量推荐值为按产果量计，每生产100千克苹果施150～200千克优质有机肥，同时配施少量速效化肥（有效成分不超过50%）。按树龄计，幼树亩施优质有机肥1 000千克以上，过磷酸钙25~50千克、尿素5~10千克；初果树亩施优质有机肥1 500~2 000千克，过磷酸钙50~75千克，尿素15~20千克；成龄树亩施优质有机肥4 000千克以上，过磷酸钙150~180千克，尿素40~50千克。每一果园的具体施肥量因主栽品种、树龄、树势、挂果量、肥料种类和土壤肥力水平不同，应参考以上推荐量酌情增减。

（3）施肥方法 一般幼树结合扩穴采用"环状沟"施法，沟宽50~60厘米，沟深60~80厘米，逐年向外扩展至全园。成龄树宜采用"条状沟"或"放射沟"施法（图4-4），沟宽、深各50~60厘米，还可采用"全园撒施"法，撒施后深翻20~30厘米。以上方法应隔年交替、轮换应用。

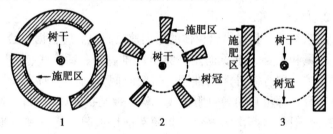

1. 环状沟施肥；2. 放射沟施肥；3. 条状沟施肥

图4-4 果树常用施肥方法示意图

（4）"沟草制" 基肥如与"沟草制"结合，并与碳氮比、磷钾比、草肥比、草土比适宜调配，效果更佳。据山东临沂县临沂镇林业站1999~2001年进行地下沟沟草与地上覆盖试验，效果显著。每年10月份在行间或株间开沟深宽各60厘米的条沟或150厘米见方大穴，每株成龄苹果树混合表土放入玉米秆、麦草（破碎长约5厘米）20千克加果树专用肥5千克加优质土杂肥90千克，施肥后灌水。

果园地下施草与地上覆草试验结果：一是更好地改善20~

60 厘米深土壤的理化性状，降低土壤容重 0.03～0.11 克/立方厘米，增加土壤孔隙度 1.1%～4.9%，从而增加了根系集中分布区的透气性，增强了土壤微生物活动，促进了有机质的分解和矿物质的吸收，对果树根系生长和活动十分有利；二是促进 20～40 厘米、40～60 厘米深土层的根量分别增加 121 条和 70 条，促进根系分布更加合理，扩大了营养吸收面积，增强了果树耐寒、抗寒性能；三是草肥土混合施入根系集中分布区，加速了草肥的腐熟分解，提高了吸收利用率，肥效发挥充分；四是促进了树体生长发育，达到了丰产、优质和高效，3 年平均单果重分别增加 3.4 克、14.8 克、14.3 克；平均株产分别增加 4.7 千克、5.2 千克、6.3 千克，折合亩均增产 249.5 千克、286 千克、346.5 千克；累计亩均增收 1 478.95 元。

2. 追肥

又叫补肥，是提供给树体的短期速效肥料。应根据树龄、树势、产量和土层、土质而定，突出"准、巧、适、浅、匀"的技术要求，即有针对性选准肥。追肥时间宜巧（及时），种类、数量适宜，部位宜浅（氮肥稍浅，磷、钾肥、碳铵稍深），搅拌均匀。一般年追两次为好：一是萌芽前后追肥（土壤解冻期）。此次追肥可促进果树萌芽、开花，提高坐果率和促进春梢生长。应以氮、磷肥为主，宜选用磷酸二铵或多元复合肥。采用"条状沟"或"放射沟"施法。幼树亩施 20 千克，成龄树亩施 50 千克左右；二是果实膨大期追肥（6 月中旬前后），这次追肥能促进果实膨大，提高含糖量，增进着色，利于花芽分化，对产量、品质与花芽质量有显著的促进作用。一般以磷钾肥为主，采用"穴施"或"井"字沟浅施。成龄树亩施硫酸钾 60 千克，磷酸二铵 15 千克，采用"放射沟"施法。

（1）因树追肥　旺长树提倡"梢停"（如苹果春梢、秋梢停期）追肥，有利缓和长势，特别应注意磷钾。衰弱树应在旺长前追施速效肥，以氮为主，有利促进生长。具体时间：①在萌芽前配合浇水追肥，或追后加盖地膜；②在新梢旺长前配合大水或夏季借雨勤追，恢复树势；③结果壮树应注意优质稳产、维持树势，宜在萌芽前追施以钾磷为主，配合氨态氮，加速果实增大，促进增糖增色。

（2）因地追肥　沙质土果园易漏肥水，追肥宜少量、多次，浇小水，多施有机态肥和复合肥，防止肥水淋溶流失。黏质土果园保肥保水力虽强，而透气性却差，追肥宜减次增量，多配合有机或局部优化施肥，提高肥料的有效性。盐碱地果园因 pH 值高，如磷钾硼等多种营养元素易被固定，应多施有机速效、磷肥和微肥，最好与有机肥混用，或施多元素复配专用肥，多应用生理酸性肥料，以调节 pH 值，积极采用"穴贮肥水"法，优化局部土壤。

3. 根外追肥

主要是叶面喷肥。营养物质通过叶子的气孔和角质层进入组织内。因分配匀、用量少、肥效快（尿素喷后 8 小时吸收率为 50%，4 天为 88%；磷肥吸收率为 20%～50%，而土壤施磷吸收率仅为 6%～9%）、效果好（不受生长中心和土壤淋溶、固定，提高叶功能，延长叶寿命，增加营养贮备）、简便易行而被广大果农广泛采用。在生产上主要是补充微量元素和部分大量元素，如钙、锌、硼、铁、磷、钾等。

（1）根据物候期选喷　萌芽前期以喷硫酸锌、硫。酸亚铁为主；花期以喷硼、氮为主；生长前期以喷低浓度氮和氨基酸螯合肥为主；生长中期以磷钾和光合、稀土微肥为主。

（2）叶面喷肥可单独喷施　也可结合喷药进行。喷肥一定要均匀，特别是叶背面对肥料的吸收率高于叶面。据试验，叶面吸收率为 12.5%～16.6%，而叶背为 37.0%～59.6%。

（三）施肥注意事项

土壤施肥时，应尽量避免伤及大根（直径 1 厘米以上），随挖随施随埋，注意保墒。施用有机肥必须经过堆沤腐熟，尽快发挥肥效。肥料必须与沟内土壤充分搅拌均匀，避免肥害。肥料应施在根系的集中分布层（20～60 厘米深处），以利于根系吸收，提高肥料利用率。叶面喷肥应选在晴天、多云天的下午 16 时后或阴天进行。有条件的地区，最好进行土壤或叶片营养诊断，推广平衡施肥或配方施肥技术，以提高施肥的针对性和科学性。

三、灌溉与保墒

我国优质苹果主产区大部分处在干旱、半干旱地区，特别是西北黄土高原优生区，主要靠自然降水供给果树利用。该区域年降水量在 560～700 毫米，可基本满足苹果生长发育的需要，但由于降水量分布不均，主要集中在 7～9 月份，加之地面植被少，雨水流失严重，风多风大，蒸发量大，易出现春旱、伏旱和冬旱，尤其是春旱对苹果生长极为不利。要在充分利用自然降水和有限利用水资源并推行节水灌溉的同时，从土壤着手，创造一个疏松、肥沃、保水的土壤环境条件，满足苹果树对水分的需求。

（一）苹果对水分的需求

1. 水分的功能

水在果树生长发育过程中的功能主要体现在 4 个方面。

①水是各器官的主要组成部分是果树细胞原生质的重要成分。在果树各个组织中占有重要位置。即在果树根、嫩梢和叶片中占 60% 以上、树干中占 50% 以上、苹果果实中占 85.0% 左右。

②水是果树养分吸收、运输、光合作用等生理活动的基质根系。从土壤中吸收的各种无机营养元素，必须依靠水分运输到各个需要的器官中去。水直接参加光合作用，制造大量碳水化合物，这些物质又通过水运转到树体各个部位。同时，有机质水解也离不开水。

③水是果树进行蒸腾作用的必需物质，苹果根系吸收的水分

95%用于蒸腾消耗，这种消耗是靠气孔细胞的开张进行的。只有蒸腾作用的进行，才能降低树体温度和保证生理活动正常进行。

④水使果树生长中的细胞处于膨胀状态，只有细胞处于膨胀状态，才能进行分裂和增大，果树才能生长发育。

2. 苹果的需水量

一般苹果树每生产 1 克干物质的需水量为 146～233 克，其中，用于蒸腾消耗的有 95%以上。每亩盛果期苹果树的年耗水量为 100～110 吨，相当于 150～170 毫米的降水量，按水分直接利用率 30%计，年降水量必须达到 500 毫米以上，否则就要设法补充以满足果树的需水要求。维持苹果树正常生长发育的土壤含水量为田间持水量的 60%～80%。春季是果树生长结果的关键时期，必须保证持水量在 80%左右。5～6 月份是果树新梢旺盛生长期，营养生长需要消耗大量水分，叶片蒸腾也需要大量水分，这一时期为苹果树需水量最大的时期，也是对水分非常敏感的时期，称为"果树需水临界期"。当果树生长进入缓慢时期，便是花芽的分化期，要适当控制土壤水分，持水量以 60%～70%为宜。7 月下旬、8～9 月份中晚熟品种果实陆续进入加速生长期，此时气温较高，土壤水分蒸发量大，造成水短缺，易出现伏旱，对果实产量影响颇大，应加强浇灌和保墒，及时补充土壤水分，使其田间持水量保持在 70%以上。后期由于气温逐渐降低，秋雨较多，果实接近成熟，需水量又逐渐减少，田间持水量维持在 60%～70%为宜。

3. 缺水危害与多水弊端

缺水危害表现为：发芽期萌芽慢，新梢细短，叶片小；开花期、花期缩短，坐果率低，花后幼果发育差；夏（伏）旱春梢停长早、日灼严重；秋旱叶片早衰，果实膨大慢，遇雨裂果严重；冬旱树抗寒性降低，幼树易"风干"，大树易"抽条"。

多雨弊端表现在：新梢旺，树徒长，坐果低；停长不及时，成花难；果实着色差，肉质粗，风味淡；养分淋溶重，含量少，树体弱；透气差，根窒息、易中毒。

（二）苹果树水分供应的途径和措施

1. 水分供应的途径

①选栽抗旱性的砧木和品种；增施有机肥、加强叶面肥，以肥调水；调整树体结构，改变枝类组成；严控花果留量，提高树体自身吸水力和增强抗旱性，减少枝、叶、花、果对水分的无效消耗。

②耕作保墒、覆盖保墒、积雪保墒等措施，拦蓄自然降水。

③山坡、丘陵及无灌溉条件的旱地果园，应在 6～8 月份气温高时，连喷 2～3 次 5% 草木灰浸出液（草木灰 5～6 千克，清水 100 千克，充分搅拌后浸泡 14～16 小时，过滤除渣），或喷 0.5%～1.0% 硫酸钾，增加树体含钾量，增强树体抗旱、抗高温能力。

④广开水源，在苹果树需水的关键时期，及时、适量灌溉，确保树体需要。

2. 水分供应的措施

（1）抗旱保墒

①耕作保墒：旱地果园首先应建立以蓄水保墒为中心的耕作制度，最大限度地蓄积雨水，减少蒸发散失，满足苹果树生长发育的需要。是初春土壤解冻后，及时顶凌浅刨园土，随即耙糖镇压，可有效地保蓄土壤深层向上移动的水分不易蒸发散失，还可提高早春土壤温度，改善通气状况，促进根系生长和加强吸收功能。生长期每逢中雨降后（或灌溉后），浅耙树盘，合墒中耕，破除板结，减少水分蒸发散失；雨季来临，深刨园土，立茬不糖，减少径流，接纳雨水；雨季结束，及时耙平，蓄水保墒。采果前后，结合施基肥，深翻扩盘，耕翻园土，利于土壤熟化，提高有机质含量、吸收保持水分；积蓄雨雪，更新根系，增加透气性，利于树体安全越冬。

②覆盖保墒：秸秆覆盖、地膜覆盖等。

③化学保墒：一是在树体上喷抗旱剂（如黄腐酸、甲草胺、乳胶、丁二烯丙烯酸等），可减少气孔开张程度，或在叶表面形成一层极薄的薄膜，能减少树体蒸腾而减少水分消耗量；二是在地面喷施 FA 旱地龙，能明显增强果树保水、抗旱能力；三是使用土壤吸水、保水剂。淀粉和聚丙烯酸盐聚合物、羟甲基酸纤维素交联体等吸水、保水剂是一种新型的吸水物质，吸水量为自重的 500～1 000 倍，干旱时再缓慢释放出来，供果树利用。

（2）节水灌溉　节水灌溉，一方面可满足果树生长发育的要求，获得优质果品；另一方面可减轻水资源短缺的压力，实现果业生产的持续发展。

①节水灌溉的方式

a. 滴灌：滴灌是以水滴或细小水流缓慢地施于果树根域的灌溉方式，是近年来推广的机械自动化程度较高的节水灌溉技术。滴灌较喷灌节约用水 25%，可增产 20%～30%，最适宜干旱少雨和山坡丘陵地区，同时节省土地和劳力。滴灌不需平整土地和修建渠道，可与施肥结合进行。每次灌水量相当于 10～15 毫米降水量，土壤渗水深度 35 厘米上下，在干旱时每 10～15 天滴灌 1 次。所用管道（主管道和分管道）有尼龙管也有胶皮管，后者比较经济、耐腐蚀。分管道与树行平行，直接绑缚在树干或立柱上，滴管直径 5 毫米，每株树设两个滴头，距地面 60～75 厘米。通过总控制阀控制压力和时间。为防止滴头堵塞，要选用质量高的滴头材料。用水需经严格过滤。

b. 喷灌：喷灌的优点是使用方便，打开阀门就可自动旋转喷水。春寒时遇霜，可以喷水预防霜冻。喷灌之后冲洗叶面，有利于光合作用进行，每亩可增产 5%～10%。但投资较大，应用面积较小。

c. 穴灌：穴灌节肥 50%，节水 90%，且亩均投资仅 24.50～29.10 元，在山坡丘陵果园可大力推广。

②灌溉时期与灌水量：灌水时期苹果树前期需水多，而西北

果区及同类地区多有春旱、伏旱；后期需水少，而降水相对较多。西北黄土高原等苹果主产区灌水的重点是在前期。

a. 萌芽至花期灌水：早期果树萌芽抽梢、开花坐果，需水较多，春旱时就应及时灌水，可促进生长，提高坐果率。同时，还可减轻春寒、晚霜危害。水量宜适中。

b. 果实膨大期灌水：7月中下旬至8月上旬如遇干旱应及时灌水，以促进果实生长，提高产量。水量宜适中。

c. 秋末冬初灌水：秋季降水一般可满足果树生长需要。在深翻施肥后至土壤封冻前，灌水能提高果树抗寒能力，满足果树来年春季生长发育需水要求。水量应足。

灌水量果园最适灌水量，应在一次灌溉中使根系分布范围内的土壤湿度达到有利于果树生长发育的程度，一般以田间持水量来确定。土壤田间持水量是指在自然状况下重力水流失后，不发生蒸发的情况下，土壤可保持的最高限量的水量。适于苹果生长发育的持水量为60%~80%，低于60%时就要灌水，高于80%时就应停灌或晾墒。

第五章　整形修剪技术

整形修剪是苹果树栽培中的一项重要技术措施。它是在土、肥、水等综合管理的基础上，根据苹果树的生长结果习性，结合当地的环境条件和栽培技术水平，通过整形修剪的手段，改变地上部枝和芽的数量、着生位置及姿态等，调整生长与结果的平衡关系，使果树形成通风透光良好的树体结构，从而达到早产、优质、高产、稳产、经济寿命长和便于管理的目的。

一、整形修剪的原则

整形修剪的基本原则是：因树修剪，随枝做形；统筹兼顾，长远规划；平衡树势，主从分明；以轻为主，轻重结合；合理用光，立体结果。

（一）因树修剪，随枝做形

由于果树的品种特性、树龄、树势、栽培技术和立地条件的不相同，整形修剪时所采取的方式方法也不一样。即使是在同一园区内，不同品种的树体长势、中心干强弱、主枝开张程度、萌芽率和成枝力、顶花芽和腋花芽结果等生长结果习性各不相同，整形修剪方法也不一样。例如：富士系品种主枝开张角度小，幼树生长偏旺，结果较晚，修剪时应加大角度；而嘎拉系品种成花容易，结果早，修剪时应注意短截或回缩，以防衰弱。因此，在进行整形修剪时，既要有树形要求，又不能机械照搬，而应根据不同单株的生长状况灵活掌握，随枝就势，因势利导，诱导成形，做到有形不死、活而不乱，避免造成修剪过重而延迟结果的现象。

（二）统筹兼顾，长远规划

苹果是多年生果树，在一地定植后要生长和结果十几年甚至几十年。对它的整形修剪，应兼顾树体生长与结果的关系，既要有长计划，又要有短安排。幼树既要安排枝条，配置枝组，形成合理的树体结构，又要达到早产、早丰、稳产和优质的目的，使生长结果两不误。如果只顾眼前利益，片面强调早丰产，就会造成树体结构不良、骨架不牢固，影响以后的产量提高；反之，若片面强调整形而忽视早结果，就不利于缓和树势，进而也会影响早期的经济效益。对于盛果期树，必须按照生长结果习性和对光照的要求，适度修剪调整，兼顾生长与结果，达到结果适量、营养生长良好、丰产稳产、品质优良、经济寿命年限长的目的。

（三）平衡树势，主从分明

关键是处理好竞争枝，使树体内营养物质分配合理，营养生长和生殖生长均衡协调，从而实现壮树、高产和优质的目的。目前，我国苹果生产中常用的丰产树体结构，是中心主干比主枝粗壮，主枝比结果枝组粗壮，下层骨干枝比上层骨干枝粗壮，基部的枝组比外部的枝组粗壮。因此，在整形修剪中，必须坚决地疏除与中心主干（0级枝）粗度一致的主枝（一级枝），疏除主枝（一级枝）上与主枝粗度一致的结果枝（二级枝），达到0级枝粗度大于一级枝粗度1/3，一级枝粗度大于二级枝粗度1/2，并使同类枝的生长势大体相同。使各级骨干枝保持良好的从属关系，让每一株树都成为生长结果相适应的整体。

（四）以轻为主，轻重结合

这是指要尽可能减少修剪量，减轻修剪对果树整体的抑制作用。尤其是对幼树，适量轻剪，有利于扩大树冠，增加枝量，缓和树势，达到早结果、早丰产的目的。但修剪量不宜过轻，过轻势必减少分枝和长枝数量，不利于整形，骨干枝也不牢固。为了建立牢固的骨架，必须按整形要求对各级骨干枝进行修剪，以助其长势和控制结果。应该指出，轻剪必须在一定的生长势基础上进行。如红富士系列品种的 1~2 年生幼树，要在具有足够数量强旺枝条的前提下，才能轻剪缓放，促其发生大量枝条，达到增加枝量的目的；反之，不仅影响骨干枝的培养，而且枝量增加缓慢，进而影响早结果。因此，对定植后 1~2 年的幼树适量短截，促发长枝，为轻剪缓放创造条件，便成为早结果的关键措施。

（五）合理用光，立体结果

合理用光，就是要使每一片叶子均处于良好的光照条件下，以截获利用最多的光能。因此，通过整形修剪的合理调整，使层间留有足够的间隙，降低每一层叶幕的厚度。使单层厚度为 0.6~0.8 米；调整骨干枝角度，使其互不重叠，枝叶保持外稀内密状态；降低树体高度，一般多将其控制在行距的 0.6~0.8 倍，行间枝头距保持在 0.8~1 米，以减少树与树之间的相互遮阳。

立体结果，是指在一个开张角度较好的大枝上，培养和配备大量的结果枝组，不仅要靠左右两侧的枝组大量结果，还要依靠大枝上下的中小枝组结果，形成大、中、小、侧、垂、立各种枝组均匀排列，高矮搭配，合理布局，使树冠的里外，上下、左右全面结果。因为这样既可增加产量，又能形成一定的遮阳效果，对避免夏季、秋季果实因日光直射而造成的日灼，有一定的缓解作用。

二、适宜树形

目前，我国苹果栽培生产中采用的树形较多，无论哪种树形均能丰产增收。各地在选择适宜树形时，应根据所选苗木的砧穗组合和当地的气候条件、土壤条件与技术管理水平等因素，进行充分的考虑。这样，才能选形得当，从而合理利用光能和土地，充分发挥其生产潜力，取得较好的经济效益。现将生产上应用较多、栽培管理技术成熟的两种树形介绍如下。

（一）纺锤形

这是密植和中等密植栽培中应用最为普通的一种树形。纺锤形苹果树，按其冠幅大小，又分为自由纺锤形和细长纺锤形两种。在实际生产中，这两种树形之间没有严格的分界线。自由纺锤形主枝数目稍少，一般为15个左右，树体呈下大上小的纺锤形，适于中等密植栽培，亩面积栽植株数在30~45株。细长纺锤形主枝数目多，一般为20个左右，树冠呈上下冠幅差别较小的细长纺锤形，适于苹果的密植栽培，每亩面积栽植株数在45~100株。无论是自由纺锤形，还是细长纺锤形，其树体结构的特点如图5-1、图5-2所示。

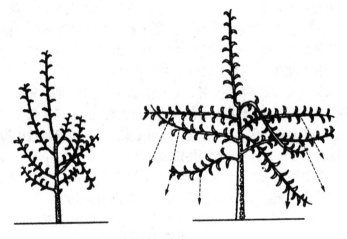

图5-1　细长纺锤形树栽植当年的修剪

1. 干高

50~100厘米，随着栽植密度的增大，主干随之增高。

2. 中心主干

也称为0级枝，直立、粗大、生长势最强。

3. 主枝

也称为一级枝（从中心主干上分生的枝条统称为一级枝）。主枝数目多（10~20个），随栽植密度的加大，主枝数目也相应增多。主枝角度随着生部位而变化，一般70°~120°均可，角度较小，达不到要求时，可用拉枝的方法解决。主枝（一级枝）的粗度应相当于中心主干（0级枝）枝干粗的1/3～1/2，大于1/2或较粗的一级枝，在修剪过程中，应及时疏除。

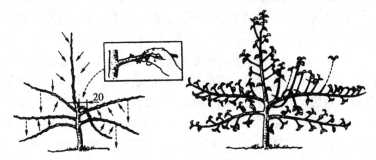

图5-2 细长纺锤形树栽植后第二年的修剪

4. 二级和三级枝

从主枝（一级枝）上分生的枝条，统称为二级枝。二级枝的粗度（直径），应相当于着生在一级枝（主枝）相应部位粗度的1/3以下。不留粗大枝，更不培养侧枝。三级枝（在二级枝上分生的枝条统称为三级枝）的粗度比二级枝应更小。只有0级枝与一级枝、一级枝与二级枝、二级枝与三级枝等各枝间的粗度差别增大，树冠才容易控制，结果才能提早。

5. 枝条的级次

所有密植栽培的果树，枝条的分枝级次均少，纺锤形尤为突出。其树体最高（大）的分枝级次应为三级枝至四级枝。级次越少，树冠越小，也越适于密植栽培。

6. 树高

树体高度一般应相当于行距的80%左右。如行距5米，树高应为4米左右。

在目前的苹果生产中，采用基部留三个主枝，每年短截延长枝，对其余辅养枝开角拉平，不加剪截。上部着生的或均匀分布在中心主干上的其他主枝分层，均不短截，实行单轴延伸。这种树形被称为单层半圆形或改良纺锤形。它实际上与自由纺锤形的要求基本相同，也属于苹果树的纺锤形的一种。

（二）小冠疏层形

该形属于苹果树的中冠树形，是由原来大冠形的主干疏层形简化而来的（图 5 – 3、图 5 – 4、图 5 – 5）。它适于株行距（4 ~ 5）米 ×（5 ~ 7）米的栽植密度。其树体结构的特点是：干高 50 厘米左右，中心主干可直可曲，全树主枝 5 个，最多 6 个。树冠常分为两层，即第一层 3 个主枝，第二层 2 个主枝，层间距为 80 ~ 100 厘米，或者全树分三层，主枝多为 3 – 2 – 1 排列。层间距稍小，一二层间为 70 ~ 80 厘米，二三层间为 60 ~ 70 厘米。一层三主枝上可配置 1 ~ 2 个侧枝，二层及以上主枝不留侧枝。各主枝角度开张，以 60°~ 80° 为宜。基角大，腰、梢角逐渐抬头，下层主枝角度大于上层，各主枝上合理配置中、小型枝组，层间和其他空间可留适量的辅养枝，以补充空位。其特点是：骨架比疏层形小，主枝小，侧枝少，留枝多，修剪轻，生长结果均衡且稳定，适宜中等密植管理。

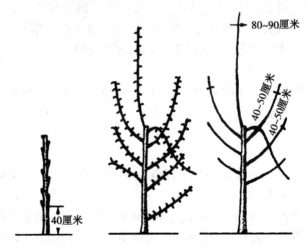

图 5 – 3　小冠疏层形树栽植当年的修剪

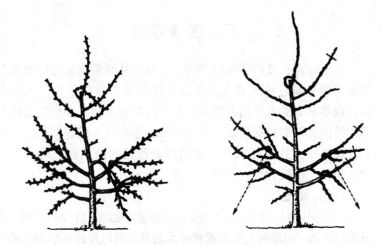

图 5-4 小冠疏层形树栽植后第二年的修剪

图 5-5 小冠疏层形树栽植后第五年的修剪

三、冬季修剪

冬季修剪，又称休眠期修剪。它是指从苹果树落叶后到第二年春天萌芽前进行的修剪。其主要任务是培养骨干枝，平衡树势，调整从属关系，培养结果枝组，控制辅养枝，调整生长枝与结果枝的比例和花芽数量，控制树冠大小和枝条的疏密程度，从而改善树冠内的光照条件。根据其修剪目的的不同，可分为短截、疏枝、回缩和长放等方法。

（一）短截

这是指剪去一年生枝的一部分。根据剪截轻重程度的不同，常分为轻短截、中短截、重短截和极重短截。通过短截可增加新梢枝叶量，促进营养生长，但不利于成花结果，还易引起树冠内膛郁闭，影响通风透光。因此，短截不宜应用太多太滥。目前，生产上应用短截方法较多的，是在幼树整形期间，为了快速培养扩大树冠，对骨干枝延长枝的短截修剪，以及对小老树和大龄衰弱树，为了刺激其树体生长，恢复树势时，利用壮枝壮芽带头的修剪等（图5-6）。

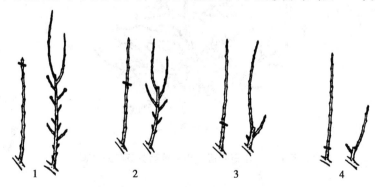

1. 轻短截；2. 中短截；3. 重短截；4. 极重短截

图5-6　短截的方法

（二）疏枝

这是指将枝条从基部不留残桩地剪掉或锯掉的方法（图5-

7）。该方法是当前苹果生产中的主要修剪方法。通过疏枝去掉部分枝条，使留下的枝条分布均匀合理，稀密适中，可以改善冠内光照条件，提高叶片光合效能，促进花芽饱满形成，提高坐果率，增强果实着色，改善果实品质。疏枝时，疏除过旺枝，可以平衡树势和枝势；疏除弱枝，可以集中养分供给，促进其他枝条生长。在生产中，为了使幼树迅速扩大树冠，加速成形，仅疏除徒长枝、竞争枝、背上直立大枝，对其他枝条尽量多留少疏，辅养树势。在树体生长势不均衡时，对弱小骨干枝要少疏多留，以增强树势，对强大骨干枝要多疏少留，以削弱其生长势。对旺长树疏枝，要去强留弱，去直留斜（平），去长留短，多留结果枝，少留发育枝，缓和树势；弱树要去平斜留直立，去弱留强，少留果枝，增强树势。对衰老树，要疏除密生的大枝、小枝、重叠枝、交叉枝、并生枝、细弱枝、过多的果枝和花芽，外围的多杈发育枝及触地枝，以恢复树势，延长经济寿命。在中心主干上疏除大枝时，可先疏除离地面 50 厘米以下者，再疏除与中心主干夹角小、基部粗大且严重影响通风透光者。疏枝不要操之过急，避免一次疏除过多；而应分年进行。一次不能超过三个。在

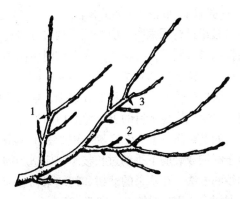

1. 去直留平；2. 去强留弱；3. 去弱留强

图 5-7　疏枝的应用

骨干枝上疏枝时，应先疏去与主枝夹角小的分枝。当中心主干上的主枝与主枝上的大枝在同方位重叠时，应先疏除主枝上的大枝，再疏大枝组及强旺的一年生枝。总之，疏除原则是：疏角度小的，留角度大的，疏粗的，留细的，疏长的，留短的。

具体操作时，疏除小枝的剪口要平滑，不留橛，不留桩，一次到位。疏除大枝时，锯口面积越小越好，一般要求伤口上部与母枝平，下部稍微凸起，略呈倾斜，并用剪刀或利刃将锯口周边皮层削光滑，以利于伤口愈合。冬剪疏枝后，剪锯伤口（尤其是2厘米以上的锯口）一定要用调和漆涂抹，防止病菌侵入和风吹干裂，造成伤疤加大而削弱树势。

（三）回缩（缩剪）

对二年生以上枝进行剪截称回缩。回缩可以调整枝组的角度和方位，缩短枝轴，改造大枝，控制树冠或枝组的发展，改善通风透光条件，复壮和更新枝组，延长结果年限，提高坐果率和果实品质。在苹果生产中，当树体高度达到或超过栽植行距时，开始对中心主干延长枝回缩（又称落头）。对主枝回缩要慎重，能疏除的，尽量不用回缩的方法；实在不能疏除的过长主枝，应选好回缩部位。一次只能回缩一个年龄枝段。

对苹果树的枝组进行回缩时，应按照下列方法进行：一是经连续缓放的中庸枝和果台副梢，在花芽没有形成时坚决不回缩；二是虽形成多个花芽，但枝条基部较细，又有伸展空间时，可轻回缩或不回缩；三是虽然枝条较粗，但花芽形成较少，生长势中庸的暂时不回缩，要待枝条生长势稳定后的下一年冬剪时回缩，防止冒条或果台副梢旺长；四是对前一年结果较多的单轴枝组不缩或轻回缩；五是对先端过于纤细或衰弱下垂的过长枝组，应适当回缩，以增强其生长势。回缩的方法，在苹果的幼树和初结果树上应用较少，而结果盛期和老弱树上应用相对较多（图5-8）。

（四）缓放

缓放，又称长放或甩放。就是对枝条不进行任何的剪截。这是目前在富士系品种中应用最广泛的修剪方法。缓放是利用枝条在自然生长状态下，生长势力逐渐减弱的自然规律，从而避免了刺激幼旺树发育枝的旺长，能使其生长势力逐年趋于缓和，中、短枝数量增加，营养积累增多，促其幼旺树提早成花结果。

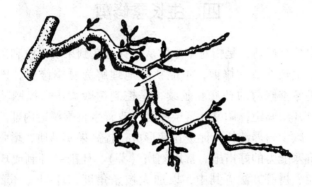

图5-8 应用回缩复壮更新

生产实践证明，缓放在生长势中庸、具有一定的发展空间、开张角度达水平状态的苹果树枝条上，效果明显，容易形成中、短枝或中、短结果枝。而对竞争枝、徒长枝和直立强旺枝进行缓放，枝条增粗快，生长势旺，采用此法效果差，易造成树上长树或主从不分、层次不明、喧宾夺主、好似耳朵大于头的现象。若由于缺枝空间较大，必须对其缓放才能填补空缺时，也应先对其进行拉枝处理，待其加大角度、改变方向后再缓放。否则，以及时疏除为宜。在对主枝延长枝连续缓放时，枝条顶芽在向前生长的同时，在其中后部各年生枝段上的侧芽，均会形成中短枝或结果后抽生果台副梢。对中庸枝及果台副梢连续缓放，会形成结果部位相对稳定而生长势又相对适中的单轴延伸的结果枝组。

为达到早果早丰的目标，应对幼旺树骨干枝两侧和背下枝连续缓放。对幼旺树背上枝缓放时，必须拉枝加大角度，使其角度低于骨干枝，或结合夏剪措施造伤后再缓放。成龄树，该期树势稳定，缓放时应掌握宜缓壮不缓弱，缓外不缓内的原则，防止越缓越弱的现象发生。对于树势衰弱的苹果园片，不宜片面采用缓放措施。而应该将其与疏除过密枝、细弱枝、枯死枝、回缩缓放多年的结果枝形成枝组等措施相结合，综合灵活运用，才能达到预期的理想效果。

四、生长季修剪

生长季修剪，是指对苹果树从萌芽开花到果实采收和落叶前的整个生长季节的修剪，不能狭隘地理解为夏季修剪。该期修剪，是冬季修剪的补充和延续，是控制树冠大小，控制枝条旺长，打开层间距，调整叶幕层厚度，改善生长季树冠内部的光照条件，减少营养消耗，促进花芽形成，提高果实品质，增强树体越冬抗寒能力的好措施。常用刻伤（芽）、环割（环剥或环锯）、扭、拉、捋等方法。其中，以加大枝条角度、环割（环剥、环锯）为主要的修剪方法。

（一）刻伤

这是指用利刀或钢锯条有齿的一面，在芽下或芽上横刻皮层，深达木质部，造成伤口的方法。在生产中，针对幼旺树枝条及发枝少的光腿枝条，于春季萌芽之前，在芽上0.5厘米处刻伤，使向上运输的养分被阻挡集中在伤口下的芽或枝处，促其萌芽或抽枝；而在芽萌动后，在枝、芽下面刻伤，则抑制芽或枝的生长，使其生长势缓和，对抑制背上枝的生长势效果明显（图5-9）。

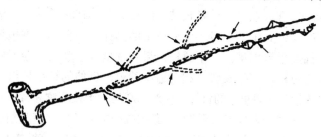

图5-9　刻伤的应用

（二）抹芽、扭梢与摘心

抹芽，是春季萌发后，将多余的萌芽从基部抹除。这主要是抹除剪口芽、锯口芽和拉枝后背上萌发的过多芽。扭梢，是将各类骨干枝上直立旺长的新梢，在长到20～30厘米时，用手捏住新梢中下部半木质化部位，扭转180°角，使新梢平伸以至下垂，改变生长方向，从而有利于花芽的形成（图5－10）。摘心，是在生长季节对旺长新梢去掉幼嫩生长点，属于生长季的短截。通过摘心，可提高坐果率，促进枝条成熟和芽体饱满，促发二次枝，有利于整体枝量的增加。

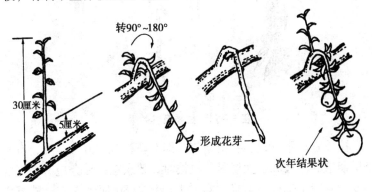

图5－10 扭梢及其效果

（三）捋枝（拿枝软化）

这是控制直立枝、竞争枝和其他旺长枝条的有效措施。其做法是，用手握住枝条，从基部开始用柔力弯折枝条，以听到维管束断裂的轻微"叭叭"响声为准。这也就是果农所说的"伤筋不断骨"，以不折断枝条为度。如枝条长势过旺、过强，可连续捋枝数次，直至成水平状态。通过捋枝，改变枝条的生长方向和角度，缓和生长势，有利于成花结果（图5－11）。

（四）拉枝开角

这是指人为改变枝条生长方向的方法。通过拉枝，可使主枝或各级骨干枝的角度开张，从而缓和生长势，将无用枝转变成有用枝，既利于树冠扩大和通风透光，又利于形成花芽和提早结果，并且可使骨干枝上的结果枝组生长势均衡，为立体结果奠定基础。

图 5-11　拉枝及其效果

拉枝宜早不宜迟。栽植当年，即对新梢拉枝开张角度，有利于早期培养主枝和扩大树冠。拉枝时，要求被拉枝条应有一定的长度。一般下部枝为 1 米左右，上部枝为 80 厘米左右。株行距越大，要求被拉枝越长，如过短，不利于扩大树冠。但拉枝过迟，则易引起侧生枝直立旺长，使中心主干的生长受到抑制。

拉枝角度，因树形、枝条长短和用途而定。如小冠疏层形树，拉枝基角为 70°，腰角、梢角逐渐抬头；纺锤形树，所拉主枝基角为 80°～90°，呈自然水平状。侧枝或辅养枝角度，大于主枝角度；生长量大的枝条，拉枝角度宜大于生长量小条的角度；需早成花结果的临时性枝条，拉枝角度大于扩冠生长的永久性骨干枝的角度。

拉枝时间宜在树体生长初期（3 月中下旬至 4 月上旬）和生长末期（8 月下旬至 9 月下旬）进行。但以生长末期拉枝效果最好。此时拉枝芽体充实饱满，成花率高，背上不冒壮条，形成短枝和叶丛枝多。在生长初期拉枝，背上易窜条，须及时采取抹芽、扭梢等夏剪措施；否则，造成背上旺条繁多，难以缓势形成短枝。

拉枝时，不能将枝条拉成弓形；否则，弓背上极易萌生徒长枝，不利于形成中、短枝，影响缓和枝势和花芽形成。对盛果期以前的苹果树，必须坚持每年进行拉枝，以保持树体生长势力上下内外均衡。若只注重前期树体下部骨干枝的拉枝，而忽视后期树体中上部的枝条拉枝，则易形成上强下弱的树态，有碍中心主干上形成良好的主枝、枝组系统，不能维持上小下大的树体结构，在密植栽培条件下更为重要。

拉枝开角的具体做法是：首先选好需拉枝条的伸展方位，使其充分占领空间，不重叠，不交叉地均匀伸向四方。为防止枝条劈裂，拉枝前对角度达不到要求的所有枝条基部应先进行软化。软化的方法是：把枝条多次反复向上扶，使枝背下软化。然后左手紧紧扶着枝基部，右手多次反复向下压枝，使枝上部软化。再左右多次捋枝，使其整个枝条的需开角部位完全变软，然后再拉。拉枝时，选好枝条的着力点，并拴系好麻绳或铁丝，可避免枝条中部出现拱腰。拴系枝条的绳扣处，需垫些鞋底条或小木棍，并且不能勒得太紧，以免枝条加粗后造成绞缢而断枝。拉绳的松紧要适度。枝条粗大的要稍紧，拉枝角度稍大些，以免数天后枝条上翘。另一端的绳头，一般不提倡拴到树干上，而以拴在埋入地下的木棍上较好（图5-12）。

拉枝开角应因地、因时、因树制宜，灵活运用，区别对待。平原果园土层深厚肥沃，水浇条件较好，树势生长旺盛，拉枝角度应大些。山地、丘陵和旱薄地果园，土层薄，且灌溉条件较差，树体生长势较弱，拉枝角度可适当小些。普通型品种比短枝型品种拉枝角度要大些。同一株树，生长势强的主枝比生长势弱的主枝角度宜大些。临时性枝及辅养枝的拉枝角度比主枝的角度要大些。

1. 别枝；2. 撑枝；3. 拉枝；4. 坠枝

图 5 – 12　拉枝的方法

（五）环剥、环割或环锯

该项措施是目前苹果生产中，为了控制树势旺长，达到早果、早丰产、高效益的目的，尤其在红富士系品种采用纺锤形整形时，应用最多的修剪方法之一。通过该项措施的实施，可以中断韧皮部的输导系统，阻碍树体叶片制造的光合产物向根系运输，限制根系矿物质的合成物通过韧皮部上升，使根系和地上部分的营养物质交换受阻，有利于光合产物向生殖器官输送、分配和积累，具有控制树体生长、促进花芽形成的双重作用。

1. 环剥

环剥是一项技术性要求较强的措施，因此。必须掌握以下几点。

（1）环剥时间　一般以新梢叶片大量形成后，在最需要同化养分时，进行环剥比较合适。如为了促进苹果的花芽形成，环剥时间以 5 月下旬至 6 月上旬为最适期。因该期新梢接近停止生长，大量叶片已经形成，花芽将要开始分化，通过环剥后，剥口以上的光合产物积累较多，可促进花芽形成。若环剥过早，新梢未停止生长，叶片制造的养分优先向顶端新梢运输，向花芽运输的则较少，不利于成花。同时，根系营养少，饥饿时间长，抑制新根的发生和生长，减少细胞分裂向上运输的数量，从而限制花芽分化。若环剥过晚，错过花芽分化盛期，地上部积累的营养物质优先用于营养生长，尽管能控制树体的生长势，但促花效果明显下降。

（2）环剥树的选择　环剥对树体生长势的削弱程度很强，只能在旺树、旺枝上进行，而且要因品种酌情确定。一般普通型品种应用环剥较多，短枝型品种则较少应用。耐环剥品种，如富士系、嘎拉系、澳洲青苹和粉红女士等，可进行环剥；而元帅系等不耐环剥的品种，则应尽量少用或不用环剥。

（3）环剥宽度　不能过宽或过狭，以养分缺少期过后，即能愈合为宜。一般以枝干直径的 1/10～1/8 为最适宜。环剥过宽，愈合时间长，根系长期处于饥饿状态，从而限制根系生长及肥水的吸收，造成树体极度削弱，严重抑制生长，甚至造成死亡；反之，愈合时间短，不能达到环剥的目的。

（4）环剥深度　环剥不宜过深或过浅。过深，伤其木质部，易造成环剥枝干折断或死亡。过浅，韧皮部残留，效果不明显。以深达木质部但不造成伤害，又能顺利剥下皮层时为最适宜。

（5）环剥部位　环剥可以在主干、主枝和辅养枝上进行。树冠较小，干周低于 20 厘米时，不应在主干上进行，而宜在主枝、辅养枝上进行；树冠较大，需全树控冠时，可在主干上进行。

（6）环剥方法　选择枝干基部光滑无伤疤部位，用电工刀横切树皮两圈，深达木质部，刀口要封闭对齐，宽度、深度一致，能一次性顺利剥下一圈皮层，使剥口整齐平滑，若需几次才能剥下皮层时，必然会损伤形成层，而影响剥口愈合。在树体主干上进行环剥时，上刀要直立切割，下刀切割时，要外宽内窄，稍有倾斜，以防止雨水存积和病菌孳生。树龄较大，皮层硬厚，采用环剥的方法操作困难时，可改用小钢锯环锯（深达木质部）法。该方法操作简单，速度快，锯口容易愈合，但强度不及环剥（图 5-13）。

（7）剥后管理　环剥后，遇天气干旱或剥口稍宽，经 30 天剥口还不能愈合时，可用干净无菌的新塑料布包扎，以加速伤口愈合，避免死树和断枝。当发现被剥枝干上的叶片出现黄化时，应及时对叶面喷施 0.2% ~ 0.3% 的尿素溶液，每隔 7 ~ 10 天喷一次，连喷 2 ~ 4 次，直至剥口愈合和叶片转绿。

1. 环状剥皮；2. 环状倒贴片；3. 双半环剥皮

图 5 - 13　环剥

2. 环割

是指在主枝或缓放枝的光秃带内，用利刀旋转切割一圈或多圈，深达木质部。多道环割之间的距离，一般应在 10 厘米以上。粗枝、旺枝距离可小一点。距离越近，作用越大，对促进枝条萌芽和花芽形成的作用越明显。该法与环剥、环锯相比，环割作用的强度最小，最安全可靠。适用于对环割敏感的品种（如新红星、首红等）。不同的环割时期，效果不一样。生产上为提高萌芽率，常在萌芽前环割；为提高坐果率，多在花前一周或初花期环割；而为了促进花芽多，成好花，常在 5 月中下旬环割。每次环割只能 1 ~ 2 道，不能多道，并且不能在上次伤口上重复环割。

五、常用的修剪工具

有修枝剪、手锯、高枝剪等，如图 5 - 14 所示。

1. 修枝剪；2. 剪套；3. 手锯；4. 折叠锯；5. 鱼背磋；6. 高枝剪

图 5－14　常用的修剪工具

六、整形修剪常见问题及应对措施

在我国的苹果生产中，广大果农的思想认识和技术水平不断更新和提高。但也仍然存在密植稀管的现象，在整形修剪中出现许多毛病，使标准化的树体结构建成和果实的产量与质量，以及经济效益，都受到严重影响，为了纠正类似现象，帮助果农尽快走上富裕道路，在此，列举生产上存在的问题，并提出纠错的办法。

（一）短截过多，树势旺长

有些果农受传统修剪技术的影响，尤其是还采用培养大冠型的修剪法，连年对一年生枝进行过多、过重的短截，结果是今年截一枝，明年剪口再抽生 3～5 个长枝，形成了用肥料换柴烧的现象。如不及时调整，最终导致树势旺长，冠内郁闭，光照不良，长枝过多，中、短枝稀少，花芽不易形成，结果推迟，经济效益降低。对于这类果园，要彻底改变剪法，改短截为以缓放为主，多疏少截。通过冬剪疏枝后，对于留下的枝条，除骨干枝延长头适度剪截外，对其余的枝尽量以轻剪长放为主，结合拉枝开张角度，使其单轴延伸，缓和生长势，增加萌生短枝数量，促进花芽形成。应用夏剪疏除外围强旺枝、竞争枝和过密新梢，加强拉、刻、割、剥等夏季促花措施，尽快达到早果、早丰的目的。

（二）注重缓放，轻视拉枝

有的果园管理者不注意及时对幼树期的枝条拉枝开张角度，待树体增大，枝条增粗不易拉枝时，不是走过场就是干脆放弃，造成骨干枝，尤其是上部骨干枝，角度偏小，多头直立生长。树冠呈扫帚状。冠内大枝密挤，顶端优势很强，竞争枝和长旺枝多，后部严重光秃，棒子枝增多，花芽着生部位减少，花芽难以形成，结果年龄推迟。对于此类果园，主要工作任务是下大工夫对各类枝条拉枝开角。于每年春季萌芽前后，或秋季的9月份，将主枝、侧枝或侧生分枝（小主枝）拉枝开角到80°~90°，辅养枝角度拉到90°以上。在5~6月，对旺树、旺枝进行环剥或环割，促进花芽大量形成。对于1~2年生枝光秃带较长的部位，于萌芽前采取刻芽增枝措施，缓和其生长势力，促发短枝，加速花芽形成。

（三）主干太矮，下部枝多

有相当一部分苹果园，虽然按纺锤形树形的要求进行苹果苗木的定植，但没有按该形的要求定干和整形。从生产中了解到原因有三点：一是由于定植时苗木较弱，定干高度多在40~50厘米；二是受低干矮冠的传统影响，最大定干高度为70厘米；三是轻剪长放多留枝的目标不明确，使第一年萌生的侧生分枝全部留下，造成基部小主枝过多；经拉枝开角结果后，出现枝条拖地现象，既影响田间日常管理和果品质量，又影响上部枝条的正常生长。解决的办法是：新植园一定要选择定植健壮的一级苗，定干高度要求达80厘米以上。如果是坐地苗，还可不定干（其发生分枝部位多在距地面70厘米左右）。对已栽植园，随着全树枝量的增加，消除惜枝思想，疏除中心主干上的低位枝及触地枝，提高树干高度达到80厘米左右。对外围下垂枝，要尽量抬高枝头部位，疏除下部冗长枝，清除触地的临时枝及辅养枝。在疏除枝条时，应分年逐步进行，防止一次疏枝太多，造成新梢旺长或树势削弱。

（四）注重冬剪，夏季不管

有些地方的果农，对苹果树只进行冬季修剪，而不进行夏剪管理，使生长期内的苹果树，在中心主干、主枝、侧枝背上及基部，拉至水平的辅养枝上，剪、锯口处，均生长着大量新梢，从而浪费大量的光合产物，恶化冠内的光照条件，以致影响树体整形、有用枝的生长和果品质量。因此，生产者首先要提高对夏季修剪的认识，转变陈旧传统观念，增强果品质量意识，精心做好夏剪工作。从萌芽期的抹芽开始，认真进行抹芽、拉枝、疏枝、环割（剥）、摘心和扭梢等各项夏剪工作，才能使树势稳定，大枝分布合理，枝组丰满均衡，花多果丰，经济地利用空间和地力。通过 1~2 年的综合管理调整，可使苹果树体面貌大为改观，从适龄不结果或结果少的状态，转变为正常结果、多结果、结优质果的状态。

第六章　苹果优质果实管理

一、保花保果与疏花疏果

（一）疏花疏果

春季，苹果树萌芽、开花、坐果、幼果发育、抽枝展叶和根系生长主要利用的是上年贮藏营养。如花量过大、坐果过多，贮藏营养消耗必然就更多，不仅影响当年果实质量、产量，致使根系和新梢发育不良，造成展叶慢、叶片小，而且影响到花芽分化，继而出现"大小年"结果，进而导致树势衰弱，抗性降低，影响树的寿命。为此，正确应用疏花疏果技术，严格控制留果量是苹果树获得优质、丰产、稳产、延长树龄的关键技术措施。

科学疏花疏果能调节、平衡营养生长与生殖生长，促使树体合理负载，避免和克服"大小年"结果；节省营养、提高坐果和改进品质；增强树体抗性，减少病虫害的发生；维持健壮树势，弥补冬剪不足。河北农大马宝焜教授等研究表明，红富士每果台留 1 个果的平均单果重为 200～212.5 克，果型指数为 0.812～0.823，果肉硬度为 9.3 千克/平方厘米，可溶性固形物含量为 15.09%，而留双果的平均单果重为 161.3～166.7 克、果型指数为 0.80～0.806、果肉硬度为 9.0 千克/平方厘米和可溶性固形物含量为 14.3%，留单果比留双果平均单果重、果型指数、果肉硬度，可溶性固形物含量分别高出 23.99%～27.49%、1.5%～2.1%、3.3% 和 5.5%。又据调查结果，红富士花后两周留单果平均重 234.2 克，一级果率为 90.3%，留双果（中心果加一侧果）平均单果重为 172.8 克，一级果率为 61.9%，而对照单果重仅为 140.9

克，一级果率为 36.4%。单果重分别高于对照 66.21% 和 22.64%，一级果率高于对照 1.48 倍和 70.05%。

1. 原则

①先疏花枝，后疏花蕾，再疏果、定果。

②选留顶花芽果、侧生枝果、易下垂果、单果，尤其中心果。

③宜留肩部平阔、梗洼较深、果柄适中、果顶较平、萼片紧闭的幼果。

④壮树强枝适当多留，弱树弱枝适当少留；冠上、冠外适当多留，冠下、内膛适当少留。

2. 时期

一般苹果树疏花芽优于疏花蕾，疏花蕾优于疏花，疏花优于疏果。这是因为疏期越早，贮藏养分的水平就越高，疏后养分集中用于所留花果的发育。同时，早疏后，花器发育、授粉受精好，幼果前期发育良好，个大、形正、高桩。据研究调查，疏果时期对秦冠品种单果重和商品性的影响：盛花后 2 周平均单果重 289.2 克，特级、一级果率为 78.7%；盛花后 4 周平均单果重 269.0 克，特级、一级果率为 62.5%；盛花后 6 周平均单果重 231.3 克，特级、一级果率为 47.4%。

疏花枝结合冬剪和复剪进行。疏花蕾从花序伸长到开花前均可进行，但以花序伸长至分离期为最佳。疏果宜从谢花后第 2～4 周完成，从节省养分、提高工效考虑越早越好。一般在气候正常情况下先疏花序，后疏花蕾，花后再定果，也可推广"以花定果"。

3. 位置、方向

据辽宁果树研究所 2002 年试验结果，长富 2 号成龄苹果树果实不同着生部位对其外观品质有显著影响，而对内在品质影响却不显著。

垂果在着生指数、果皮光滑率、果型周正率、果型指数、平均单果重比斜生果分别提高0.16、60%、44%、8%和0.03，而在固形物含量、总糖、总酸、维生素C含量及果肉硬度方面差异不显著。

调查结果表明，果型周正与果型偏斜相比，果实在着色指数、果皮光滑率、平均单果重、果型指数、维生素C含量方面差异显著，分别提高0.2、63%、7.2%、0.07和1.28毫克/100克，而在固形物含量、总糖、总酸含量及果肉硬度方面差异不显著，但均有一定的提高。

因此，今后在苹果整形修剪选培好树形的基础上，一定要注意开张主枝角度，重点培养斜生、易下垂结果枝组，同时在疏花疏果过程中，优先选留易下垂、周正果实，才能为生产优质高档果品奠定良好基础。

4. 方法

（1）干周法　$Y = 0.2C^2$（Y：留花序数；C：主干周长，单位为厘米）。

（2）枝组粗度法　枝组基部直径为1.5厘米的枝留5～6个花序（果），3.0厘米的枝留10～12个花序（果），4.5厘米的枝留20～24个花序（果）。

（3）距离法　大型果间隔23～25厘米选留一花序（果），中型果间隔20厘米左右选留一花序（果）；小型果间隔约18厘米留一花序（果）。

（4）枝果比法　大型果4～5个新梢留一花序（果），中型果3～4个新梢留一花序（果），小型果2～3个新梢留一花序（果）。

（5）叶果比法　乔砧品种50～60片叶留一花序（果），矮砧品种30～40片叶留一花序（果）。

5. 操作

（1）疏花枝　结合春季复剪，按枝果比（3～4）：1疏除过多、过弱花枝，剪截过长果枝、串花枝，一般保留中果枝、短果枝及部分长果枝。

（2）疏花序　在花序伸长至分离期按 15～25 厘米间距隔码选留 1 个优质中、短枝花序或长枝花序，将延长枝顶端、大枝背上和过多的短枝及腋花花序全部疏除。所选留的花序仅保留发育好的中心花和一侧花，其余侧花全疏除。

（3）疏果、定果　谢花后第 2～3 周，先疏除小果、病虫果、畸形果、偏斜果及过多的侧果，第 4～5 周再按不同树龄的目标产量将过多侧果和过密的幼果疏除。

（4）留果位置和方向　据日本研究报道，观察幼果形态可预见果个和果型，幼果肩部平阔，梗洼较深、果柄适中者，果个大、果型正；肩部较圆，梗洼较浅，果梗较长或过短者，果个小、果型扁；果柄两端有肉梗或有茸毛者，为畸形果。由于苹果树中心花先形成，开放早，一般坐果率高，幼果发育快而大，且果型指数大。因此，以留壮枝上的中心果为主，侧果为辅；以单果为主，双果为辅。冠上冠外枝势强，光照好，宜留母枝侧向易下垂果；冠下冠内相反，多留侧向上方果。

6. 要求

①及时收看开花期间的天气预报，如遇连阴雨或晚霜降温天气，花前仅进行隔码疏蕾，并适当多留，花后再按照疏花疏果原则严格、细致地进行疏果定果。

②疏花序花蕾时，应多留 10%～15% 的花蕾，定果时要多留 5% 左右的幼果，确保产量，以防自然灾害和病虫为害。

③多用手疏，少用枝剪。

④先疏冠上，后疏冠下；先疏冠内，后疏冠外；先疏顶花蕾，后疏腋花蕾。

（二）保花保果

苹果绝大部分品种自花不实或结实率极低。对此，应在配置好授粉品种的基础上认真做好保花保果，它是针对落花落果而采取的一项技术措施，尤其对我国部分苹果主产区栽培品种比较单一，授粉品种配置少的果园、初果期树及坐果率低的品种显得尤为重要，这也是近几年直接影响苹果坐果率、产量和质量（果个、果型）的主要因素。其措施如下。

1. 配置

授粉树采取高接或补植花粉量大、花期一致、相互授粉结实良好、果实价值、与主栽品种管理条件基本一致的授粉品种，促其结果。主栽与授粉品种按（4：1）～（5：1）配置。

2. 追肥灌水

于萌芽前后追施 1 次速效氮肥，以尿素为例，施肥量：初果树 0.4～0.5 千克/株，盛果树 1～1.5 千克/株。干旱时要适量浇水。

3. 花前复剪

这是冬剪的继续和补充。花芽膨大期，主要对长花枝短截、串花枝适当回缩、过多花芽及瘦弱花芽适量疏除，以调节花量，集中营养，减少消耗，提高坐果率。

4. 花期放蜂

花期 5～10 亩果园摆放 1～2 箱蜜蜂或相隔 50～60 米挂置角额壁蜂、凹唇壁蜂巢材（100 头/亩），利用昆虫均能明显地提高授粉效果和坐果率。

5. 人工授粉

当花期遇到阴雨、低温、大风、沙尘等不良气候时，直接影响昆虫活动和自然授粉，授粉品种配置量少、且不匀，或花期不遇等，坐果率便会大大降低。因此，应提前购买或结合疏蕾收集多品种花朵剥取干燥花粉，在盛花期（以花朵开放的当天上午 8～10 时）人工点授中心花朵或进行液体喷粉（即水 10 千克 + 花粉 10～20 克喷布花朵），可有效降低偏、斜果率，提高坐果率 50% 以上。

6. 喷布营养液

初期、盛花期早晨 8～10 时喷布营养液（即用水 100 千克 +

蜂蜜或蔗糖 1.0 千克 + 硼砂 0.3 千克 + 花粉 10 ~ 20 克配成的混合液），也可在初盛花期各喷 1 次 0.2% ~ 0.3% 益果灵或 0.05% ~ 0.1% 的稀土微肥，均能增加营养，显著提高坐果率，促进幼果发育。

7. 果台副梢摘心

5 月下旬至 6 月上旬对旺盛果台副梢在保留 8 ~ 10 叶片的部位进行摘心，可抑制新梢旺长，促进幼果发育。

8. 防止采前落果

对采前落果较重的元帅系等品种，分别于采收前 20 ~ 30 天各喷次 20 ~ 30 毫克/千克的萘乙酸钠，可减轻采前落果。

保花保果措施较多，应根据各自果园实际情况灵活运用。

二、果实套袋与除袋

（一）套袋

我国于 1981 年引进果实套袋技术，历经 20 多年试验示范和推广，现已广泛应用于果树生产，仅苹果纸袋应用数量连年大幅度递增，已成为安全优质果品生产的必要技术措施。

1. 套袋作用

①能够促使果皮细腻光洁，果点稀小，果粉均匀。

②使红色品种果实的花青素迅速增加，增大着色面积 30% 左右，且色调均匀，色泽艳丽，从而显著地提高了果实外观质量。

③能有效减少和避免农药、灰尘给果实带来的残留与污染，并大大减轻果锈。

④能有效预防、控制多种病、虫、鸟、鼠、蜂等生物的危害和日灼的发生。

⑤能避免枝叶摩擦，并减轻雹灾和机械损伤果实。

2. 套袋存在的问题

一是一次性投资太大，一般每亩需直接生产投资 700～750 元；二是必须加强综合管理，效果才能体现出来；三是对品种、树势、果实要求较严；四是套袋果的含糖量、风味与硬度及贮运性能均有所降低；五是操作较慢，费工；六是国家尚未出台育果纸袋标准。近几年，国产苹果育果纸袋相当多的产品不合格，其突出表现：质劣（草浆纸、再生纸、代用纸）、工艺差（手工粘）。由于数量剧增，造成果实发育不良，黑痘病、煤污病和日灼普遍发生。还有果农对套（除）袋时期掌握不准，操作技术要领不规范，这些都明显地影响苹果套袋效果和效益的发挥，继而影响套袋技术的推广普及。另外，还有不少产区仍在应用育果塑膜果袋，经这几年生产检验和市场验证弊多利少（日灼指数、粗糙指数高、褪绿指数低）。因此，要求红色品种选用合格苹果双层三色木浆纸袋，不用劣质纸袋和旧袋，禁用塑膜袋。

3. 套袋技术

（1）套前"五选"是基础 一要选增值高的优良品种，如红富士等；二要选综合管理水平高的果园；三要选 6 年生以上无病毒和腐烂病的生长健壮、树体结构良好的树；四要选形正、高桩、易下垂的顶花果；五是红色品种要选符合要求的高质量育果纸袋，如日本"小林"，台湾"佳田"，陕西"精工"、"三秦"，山东"青和"、"爱民"等。黄绿色品种可选择专用单层两色纸袋。

（2）套袋时间是前提 一般苹果套育果纸袋宜在落花后 40 天开始，10～15 天结束（6 月份）。一天中自早晨露水干后至傍晚均可套袋，但以 13 时以前和 15 时以后为最安全。

（3）套袋方法是关键 严格按照套袋技术规范操作，并要求先撑开袋子（包括通气孔），袋底朝上，由上往下套，幼果应悬于袋中。操作过程中不能伤及果柄和幼果，袋口折叠应向无纵切口一侧，袋口须扎紧。

（4）选择用药是保证　疏果后至套袋前禁用含有机磷杀虫剂和强碱、乳油药剂以及重金属离子药剂（包括叶面肥、尿素）等。

①花后 20～40 天内喷 2 次氨基酸螯合钙或腐殖酸钙；套袋前宜选喷 80% 大生 M－45 可湿性粉剂 800 倍液或 10%"世高"水分散颗粒剂 2 500 倍液或 10% 多氧霉素可湿性粉剂 1 500 倍液或菌立灭水乳剂 600 倍液加 50% 蛾螨灵 1 500 倍液或 25% 灭幼脲 3 号悬浮剂 1 500 倍液等加 20% 扫螨净可湿性粉剂 2 500 倍液，喷药后力求 2～3 天套完。否则，应分次喷药、套袋。

②一般套袋后果园可减少用药 2～3 次，选药以保叶为主，防治的关键时期仍需用好药。

（5）套后管理莫放松　一要加强 6 月份土壤追施。以钾肥为主和叶面喷肥，保墒和浇水；二要重视保护叶片；三要及时秋剪，拉枝缓势，疏密增光，减少营养消耗；四不要环切（剥），以免影响果实生长发育和品质提高。

（二）除袋

除袋过早，着色浓重，果面易生果锈；除袋过晚，着色难、慢，可溶性固形物含量低。除袋时间应根据短期运销和长期贮藏的商品性要求合理安排。外袋摘除时间：早熟品种宜在采收前 7～10 天，中熟品种宜在采收前 14 天左右，晚熟品种宜在采收前 20～25 天的晴天上午 9 时至下午 17 时进行，若果实大则将内袋背面撕开，以防日烧。内袋去除时间：外袋除后 5～6 天再除内袋（须经日照 3 天，中途遇雨相应推迟），最好选阴天或多云天，如晴天宜在上午 9～11 时去除树冠冠东至冠北及冠下部位，下午 15～19 时去除冠南至冠西及冠顶。单层纸袋宜撕开袋底通风，经 3～4 天后除袋。

除袋后管理除内袋后 1～2 天内喷 1 次 70% 甲基托布津可湿性粉剂 800 倍液加农抗 120 水剂 800 倍液加补钙液。要求使用高压喷药器械和雾化好的喷头，力求喷药周到、均匀。若果园干旱应浇 1 次水，预防果实日灼。

三、礼品苹果

苹果果面贴字、粘图案，虽不能增进果实品质，但可提高果实艺术性和商品性。近年来花样翻新，发展很快，如宣传型、图案型和祝福型的礼品苹果，深受市场欢迎和消费者青睐，售价倍增，供不应求。

（一）选择果实

必须选择红色品种和 80 毫米以上、个大、形正、向阳的侧生、下垂果。

（二）确定方案

依据市场和消费需求，选择折光性强的黑、红、灰厚纸（或塑膜字图）制作节日、庆典等宣传苹果；十二生肖、动物、山水花草等礼品苹果和健康长寿、福禄寿禧等祝福苹果，即用胶水（纸）将字、图正面粘在果实向阳适中部位就可以了。

（三）时期方法

套袋果宜在去除内袋后，未套袋果应在着色前贴上字、粘上图。

（四）要求

按照市场要求做好计划，实行"一树一（字）案"，分别采收，实施组合包装、销售。

四、摘叶转果

摘叶转果是在采收前对红色品种采取的一项促使果实全面着色十分有效的技术措施，提高果实商品价值的效果十分显著。据1993 年对红富士、秦冠等苹果摘叶转果调查表明，果实成熟前15～20 天分期摘除距果实 15 厘米范围内的"贴果叶"、"遮光叶"，可增加红富士着色面积 35%、秦冠 22%～23%，提高红富士可溶性固形物含量 0.8%、秦冠 1.2%。一般苹果着色期（即成熟前 6 周内）直射光对红富士为主的红色品种的果实影响颇大，也正是摘叶转果的关键时期。因为处于果与果、果与枝、果与叶之间的果实的阴面常常不易着色，直接影响到果实的商品价值。为此，适时、适量地摘除遮挡果面、影响着色的叶片，以增加全树各部位的进光量，提高透光度，并人为地转动果实方向，促使全面着色，增强色度。其原因是光能促进叶片的光合作用，提高可溶性固形物含量，同时，能直接诱发糖转化成色素的缘故。

根据研究，红富士苹果可溶性固形物含量在 10% 以下时，果实不着色，达到 10% 时开始着色。并随其含量的提高，色泽增加，当达到 17% 时着色最佳。因此，凡能提高苹果糖度的技术措施，均有助于促进果实着色。

摘叶是提高糖度的重要方法。中熟品种于采收前 10～15 天，晚熟品种于果实采收前 20～30 天（套袋果在除内袋前）先将覆盖在果面上的"贴果叶"和距果实 5 厘米范围的"遮光叶"摘除，使其 60% 的果面可获得直射光而着色，避免形成花斑。8～10 天后（套袋果内袋去除 4～6 天）再将距果实 6～15 厘米范围影响着色的"遮光叶"摘除。摘叶时，应将叶片剪除，保留果柄。摘叶量占全树叶量的 20% 左右为宜。

摘叶后（套袋果去除内袋 6 天后）及时转果。当果实阳面充分着色，达到商品标准要求时，用手轻托果实向上旋转 180°，使果实阴面转向阳面，促其全面着色。如有少部分仍未着色或着色太差，相隔 4～5 日再沿原方向转果。对不易固定的果实，可用透明胶带与母枝粘连，促使果实全面着色。一天中最好选在下午转果，切忌在晴天中午高温下转果，以免日灼严重发生。

五、果实增糖增色

（一）重视秋剪

秋季适时适度地疏除过密枝、萌生枝、直立枝、竞争枝、轮生枝，改变部分保留枝位，可有效增强冠内、冠下光照，促进果实着色，尤其树冠内膛，效果更加明显。经过连续两年秋剪，树冠外围、内膛着色指数比对照分别增加了 15% 和 21%。

（二）铺反光膜

一般情况下，树冠上部光照条件好，苹果易全面着色，树冠中、下部光照条件较差，果实着色难，尤其果实萼洼处不易着色，影响外观品质。据调查，铺反光膜后相对光强达 58%，可溶性固形物含量 15.9%，花青苷含量为 48%，比对照分别提高 39%、1.2% 和 27%。为了解决这一问题，广大果区生产者可在红色品种开始着色期（一般在果实采收前 20~30 天为宜，套袋果除袋后），在树盘或行间带状平铺银色反光膜，于树冠下用砖块、木棒、小土袋等压住膜边缘（以防反光膜被风刮起），利用反射光，促使果实全面均匀增色。采果前将反光膜扫净，晒干，卷起装入塑膜袋，翌年可再利用。

（三）喷增色剂

红色品种于果实着色期，每相隔 10~15 天喷施增色剂，如 0.4%~0.5% 的磷酸二氢钾或 0.3%~0.5% 的硫酸钾等，连喷 2~3 次，对促进果实膨大、提高含糖量和着色度有很好的作用。

第七章　苹果病虫害综合防治

一、防治原则和措施

为了有效控制病虫为害，保障苹果生产取得安全、丰产、优质的目标，制定果园病虫害防治方案应遵循"预防为主、综合防治"的植保方针和"治早、治小、治了"的要求。为了贯彻这一方针，适应这一要求，加强苹果病虫害综合防治，应积极采取以下有效措施。

（一）严格执行检疫

依据国家法令，通过检疫，禁止危险性病虫（包括杂草种子）随植物及农产品由国外传入或由国内输出；对国内局部分布的危险性病虫，限制在一定范围内，并积极扑灭；当危险性病虫传入到一个新地区后，应采取紧急措施，就地消灭。目前列为检疫对象的有苹果锈果病、苹果花叶病、苹果根头癌肿病、苹果黑星病、苹果绵蚜、苹果小吉、苹果果蝇、地中海实蝇、美国白蛾等。

（二）加强病虫害预测预报

病虫害的预测预报是根据病虫发展的规律，掌握为害时期，确定防治的有利时机；掌握发生数量，以决定是否需要进行防治；掌握扩散蔓延的动向，以标定防治的区域，最终达到及时控制病虫为害，确保苹果生产达到安全、丰产、优质的目标。

（三）落实农业综防措施

首先，采取增强苹果树势，提高自身抗病虫能力。如秋施基肥，增施有机肥，科学配施化肥，适时灌水保墒；合理整形修剪，改善通风透光条件，严格疏花定果，减少无效消耗，剪、摘除病虫害枝叶果等；其次，铲除病虫源。如休眠期彻底清园，清除病虫枝、叶、僵果，刮除粗老翘皮裂缝，清除地面枯枝、落叶、病果和杂草等；第三，覆膜覆草。树行覆膜以防病菌和害虫入侵、传播；树盘覆草，将病虫诱集于杂草上集中消灭；第四，果实套袋或喷高脂膜，防止果实直接受害；第五，树干绑草诱杀、树干涂白或涂抹胶环等。

（四）合理科学使用化学防治

化学防治具有效佳、快速、简便、易于机械操作和受地区和气候条件的限制较少的优点，仍是现阶段果树病虫防治的重要手段。但是，化学防治要有针对性选择使用生物源、矿物源的农药和低毒、低残留有机合成农药。

（五）积极推行生物防治

其主要内容有以虫治虫、以菌治虫、以菌治菌、以鸟禽治虫等，如姬蜂、姬小蜂、食蚜蝇、草青蛉、多种瓢虫、赤眼蜂和拟澳赤眼蜂等食虫益虫和白僵菌等，对病虫害的防治均有显著效果。

（六）应用物理机械防治

即利用物理因素（温度、湿度、光、电、原子能等）和机械设备来防治病虫害。如种子、苗木以及土壤用紫外线消毒处理、人工捕杀、灯光、饵料诱集等。此外，应用昆虫激素不育技术防治害虫和应用人工免疫方法防治病毒等方法在生产上均有应用。

二、苹果主要病害及其防治

（一）苹果树腐烂病

苹果树腐烂病俗名湿串皮、烂皮病、臭皮病等，是我国北方苹果产区最严重的一种枝干病害，常造成局部枝干的皮层腐烂、坏死，甚至全树死亡。

1. 症状特点

腐烂病主要为害结果树，结果盛期易发病，幼树、幼苗也可发病，近年在一些地区发现了果实被害。就一株树而言，主干、大枝和枝杈部的受害情况明显重于小枝。病部树皮易腐烂，其表现为以下两种类型。

溃疡型：冬春季发病后，被害树皮红褐色，呈长圆形或不定形，稍隆起。病疤深达木质部，组织松软，水渍状，湿腐，有酒糟味，指压易下陷，有时流出红褐色汁液，病皮极易剥离。以后病部出现瘤状小凸起，突破表皮后露出黑色小颗粒（分生孢子器），空气潮湿时从中涌出金色、卷曲的丝状物。后期病部失水干缩并下陷，与健全组织交界处裂开。发病初期，在树干、枝干表皮，看到暗褐色至红褐色的病斑，这就是早期的组织病变。病疤不断扩大环割枝干，引起枯枝死树。

枝枯型：多发生在2~3年生小枝上，春季发病的小枝病疤既不隆起，也不呈湿腐状，而是菌丝迅速蔓延环溢枝条。致使很快失水干枯死亡。后期病皮也常出现黑色针尖大的小粒点，即为病菌的子实体。

果实上病斑呈圆形或近圆形，暗红褐色，轮纹状，边缘清晰。病部较软，略带酒糟味，呈黄褐色或红褐色，深浅交替，轮纹状向果心发展。此后病斑中部可形成黑色凸起的小粒点，散生，聚生或轮纹状排列，表皮易剥离。

2. 发病规律

苹果树腐烂病菌由冻伤、日灼伤、冰雹伤等自然伤口和虫伤、剪锯口伤等机械损伤口以及死芽、干桩、枯枝等处入侵死亡的皮层组织，定殖后逐渐向相邻的活组织侵袭，分泌毒素，杀死周围的活细胞，得以蔓延和扩展，所以，病害的发生、发展与伤口及寄主的生理活性强弱密切相关。果园管理粗放和树体挂果过多导致树势衰弱，或冬季急骤降温，造成树体受冻严重，均会造成病害大流行。

病菌是以菌丝体、分生孢子器、孢子角及子囊壳在病树、病枝的皮层中越冬，翌春产生分生孢子角。主要通过雨水冲溅或经雨水冲散后随风传播。近年来，通过皮层内部组织的解剖研究表明，冬、春季当树体从休眠转为生长的交替阶段，是发病最多、危害最盛期，从夏季形成的落皮层上出现表面溃疡开始，直到翌年春季苹果树进入生长期，冬春发病盛期结束可视为一个发病周期。结果大树于夏季（6月上旬至9月上旬）在主干、主枝和中心枝基部，骨干枝的分杈处、小枝基部、隐芽四周、伤疤与桥接口附近等部位的树皮产生病皮，以至形成落皮层。病菌自7月中旬至9月在新的落皮层陆续入侵并发生表面溃疡。仅在树皮表层，但弱树、弱枝就能烂透皮层。晚秋、初冬（从10月末起）病菌穿透木栓层，向树皮深层扩展成为较大病疤，入冬后（11月至翌年1月份）病疤数量剧增，1月份达到高峰，2～3月份病疤迅速扩展，对树体的为害也日趋严重。春末苹果进入旺盛生长期，发病迅速减少，扩展渐趋停顿。病菌也可入侵木质部，当病疤刮治后，已侵入木质部的菌丝仍可继续在健皮边缘中蔓延，引起病疤重生。病菌有潜伏侵染的特性，病菌可在生长健壮但局部有坏死组织的树上定殖，成潜伏带菌，一旦树势衰弱，抗病力减弱或丧失生活力，潜伏病菌随机扩展，导致发病形成病疤。

从腐烂病的致病特点来看，苹果树势的强弱及其抗病菌扩展能力的大小是病害能否流行的主导因素，与树体营养状况密切相关。

根据腐烂病的发病规律和为害特点，应采取"增强树势，合理控制负载；综合防治为主，刮涂剪枝为辅；加强经常检查，重视夏初预防，细抓早春刮治，及时桥接恢复树势"的防治技术方案。

3. 防治措施

（1）增强和保持健壮的树势　这是防治腐烂病的基本措施。可通过改良土壤，增加施肥，特别是有机肥和磷肥；合理修剪，严格疏花疏果，调节负载量，避免出现大小年；综合防治病虫害，保护和延长叶片寿命，提高光合效能，都是防治关键措施。

（2）认真抓紧综合防治　这是控制腐烂病的有力措施。要求做到以下 4 点。

①喷药防治：春季萌芽期选喷 4～5 波美度石硫合剂、5% 菌毒清 100 倍液、4% 农抗 120 水剂 200 倍液。苹果糜烂病：有溃疡型和枝枯型两种症状。发现病斑及早彻底刮治，刮后涂菌线威 100 倍液，延续涂 2～3 次。春季萌芽前喷国优 101 或菌成 1 000 倍液＋喷茬克 1 000 倍液，可预防发病。8～9 月份当树体表面溃疡出现初期，选喷 4% 农抗 120 水剂 50 倍液、5% 菌毒清 50 倍液、菌立灭水乳剂 100 倍液、菌杀特（即 9281）10 倍液，10 波美度石硫合剂涂刷主干、枝杈和大枝的基部，呈淋洗状态。

②及时刮治：应固定专人重点从 2 月上旬至 5 月下旬、8 月下旬至 9 月上旬随时发现病疤，及时刮治。彻底刮净病部组织（带菌木质部），在其周围刮去 0.5～1 厘米的好皮，病斑刮成棱形，务求彻底、细致。随即在病部涂以 50 倍农抗 120 水剂或 10 波美度石硫合剂等。一个月后再选用 S－921、菌杀特、菌毒清等药剂涂抹病疤，以利愈合和恢复。

③经常检查：结合常年的各个作业项目进行检查，发现病疤，及时刮治，发现病枝，及时剪除，并将病皮、病枝、死树清理烧毁，可有效清除和减少病原。

④适时桥接：对主干和主枝刮愈的较大病疤于 3 月下旬至 4 月上旬利用修剪选留的枝条或根萌蘖枝进行桥接，以利沟通养分、水分的输送，迅速恢复树势。

（二）苹果早期落叶病

苹果早期落叶病是苹果生长期常见的叶片病害，主要有褐斑病、灰斑病和轮纹斑病等，其中，红富士品种以褐斑病最重，常造成叶片大量黄化早落。严重年份不但使其当年发生二次叶，开二次花，削弱树势，减少成花，而且对翌年的树势、产量影响极大。

1. 症状特点

初期先在冠下和内膛的叶片上发生，病斑初为蝇粪状褐色小点，与健全部分界限不明显，周缘常为绿色，其后发展为暗褐色，成为以下3种不同类型的病斑，并变黄脱落：第一种是轮纹型。病斑初期为叶片正面有黄褐色小点，渐扩大为近圆形，中心暗褐，四周黄色，其上密生黑色小点粒，呈同心轮纹状排列，轮纹较明显，以富士、国光、青香蕉等品种为多；第二种是针芒型。病斑小、量多，其上有稍凸起的黑色小点粒，呈放射状针芒，无一定边缘，后期病叶变黄，但病斑周围及叶背仍为绿色，以山定子、海棠等种类为多；第三种是混合型。兼有上述两种症状，病斑大、不规则、暗褐色，叶背烟褐色。病斑上亦有无数散生的小黑点粒，边缘呈黑色针芒状，以金帅、元帅、祝光等品种为多。果实上的病斑呈黑褐色，表面有黑色小点颗粒，边缘清晰，不规则的凹陷，但不深及果肉内。病部果肉疏松干腐，褐色，海绵状。红富士最易感此病。

灰斑病：叶片受侵后形成圆形或扁圆形，初为褐色至红褐色，后呈银灰色的小型病斑，有光泽，病斑与健叶交界处非常清晰，呈隆起的紫褐色界线。

轮纹斑病：病斑多发生于叶缘，呈半圆形，褐色至暗褐色，病斑较大，有深浅交错的同心轮纹。

2. 发病规律

这3种病害的病菌均以菌丝团或分生孢子盘在树上或地面上的病叶和被害枝、果上越冬，第二年春季降雨后产生孢子，随雨水冲溅至冠下部的叶片上，成为初侵染菌源而入侵为害，其后进行多次再侵染。我国北方果区大多于6月上中旬发生褐斑病，而灰斑病发病时间较早，多侵害幼叶，常分布枝条先端。雨水是病菌传播和流行的主导因素，4～5月份多雨时，产生大量分生孢子，传播和入侵。分生孢子潜育期一般为6～12天，最长达45天，发病到叶片脱落需13～55天。气温高，潜育期短，病叶脱落快。因此，凡是春季多雨，夏秋雨季提前、高温高湿的年份病害就大流行，7～8月份为发病盛期，8～9月份间可使易感病品种叶片大部脱落。

红富士易感病，幼树病轻，结果树病重；土层厚病轻，土层薄病重；冠下、内膛比冠上、冠周重；精细管理病轻，粗放管理较重。

3. 防治措施

（1）增强树势　加强栽培管理，增施有机肥料，及时中耕除草，合理整形修剪，改善通风透光条件，以增强树势，减轻发病。

（2）清除病原　初冬、春初彻底清扫落叶，清除树上病叶，并集中烧毁；冬前深翻果园，也能减少越冬菌源。

（3）果实套袋　力求果园按照标准要求全部套袋。

（4）喷药防治　一般年份喷药2～3次，第一次如春季多雨年份，应于5月中下旬至6月中旬喷50%多菌灵可湿性粉剂500倍液、或80%大生M-45可湿性粉剂1 000倍液、68.75%易保1 200倍液、4%农抗120水剂600倍液；第二次于7月上中旬喷1次1：2：200倍量式波尔多液、"绿得保"等铜制剂，相隔20日后再喷40%福星乳油6 000倍液、或62.25%仙生可湿性粉剂600倍液、50%扑海因可湿性粉1 500倍液、30%戊唑醇SC3 000倍液。如遇上多雨年份，7月下旬或8月上旬喷70%甲基托布津1 000倍液加"绿得保"，既能防治早期落叶病，又能预防其他果实病害。生长期喷药保护叶片，可用国优101或菌成1 000倍液＋喷苊克1 000倍液。

（三）苹果白粉病

苹果白粉病在中国苹果产区各地均有发生，尤以西北产区发生较重。能侵染各种苹果属植物。美国 8 号、乔纳金等苹果品种和山定子砧木尤为严重，元帅系、富士系、秦冠等品种较抗病。

1. 症状特点

病菌主要为害新梢、嫩叶、花，还可为害花器、幼果及休眠芽。受害后病芽瘦尖细长，鳞片松散，顶端尖细呈毛刷状，张开成刷状；病梢细弱、节间短；病叶狭小上卷，叶和梢上有白粉层，质地硬脆，最后自尖端逐步变褐，干枯脱落；病花畸形，花瓣弱最后干枯；病果生长缓慢、较小，表面有网状锈斑，后期引起龟裂。病部满布白粉是此病的主要特征，即菌丝和分生孢子。

2. 发病规律

苹果白粉病是一种专性寄生菌，只能寄生在活寄生组织表面上，而且只有在组织的幼嫩阶段才能被侵染，因此，病害的发生与寄主组织的发育状态密切相关。病菌主要以菌丝潜伏在芽鳞或鳞片间越冬。春季芽萌动后即初次侵染，4~6 月份是发病盛期，7~8 月份高温发病缓慢，8 月底再度在秋梢上蔓延，9 月后则又逐渐衰弱。病菌的分生孢子在 25℃ 以上的高温条件下即失去生活力，在 1℃ 低温干燥时仅能存活半月，发病最适温度为 19~22℃，最适相对湿度接近 100%。

病害流行的条件主要与气候和栽培条件有关。春季温暖干旱年份有利于病害的前期发病，夏季多雨凉爽、秋季少雨则有利于后期发病。栽植过密，偏施氮肥；地势低洼或灌水过多而造成树冠郁闭，生长不充实及管理粗放等情况下发病较重。秋梢带菌高于春梢，顶芽带菌高于第一侧芽，第一侧芽高于第二侧芽，第四侧芽以下基本不受害。

3. 防治措施

（1）清除菌源　冬季修剪时应彻底、细致地剪除病梢；早春萌芽后反复检查，及时摘除病芽、病梢集中烧毁或深埋。

（2）栽培措施　推广抗病新品种；注意合理密植，适当控制氮肥施用量，注意氮、磷、钾配合；合理修剪，改善冠内通风透光条件，促其健壮生长，提高抗病力；成龄树注意枝干回缩更新。

（3）药剂防治　保护的重点时期要放在春季，即在发病初期就把病情控制住，以免让病害大量发生后难于防治。使用奥力克—速净按 500 倍液稀释喷施，或 15% 三唑酮 1 000 ~ 1 500 倍液、70% 甲基托布津 1 000 倍液（50% 甲基托布津 800 倍液）、或 12% 烯唑醇可湿性粉剂 2 000 ~ 2 500 倍液。同时具有保护和治疗作用。或春季发病初期即萌芽期宜喷布 3 ~ 5 波美度石硫合剂，显蕾期或花后喷 1 次 15% 粉锈宁可湿性粉剂 1 500 ~ 2 000 倍液，防效很好。醚菌酯 50 ~ 100 克/公顷有很好的防效，ADT 溶液 1 000 ~ 1 500 倍液防治白粉病的效果显著，在病害发生初期喷施，每隔 7 天一次，连喷 2 ~ 3 次。

（四）苹果轮纹病

苹果果实轮纹病又称粗皮病、轮纹褐腐病，俗称烂果病。近年西北黄土高原苹果产区富士等感病品种栽植面积迅速扩大，在后期多雨年份发病较重。

1. 症状特点

病害受干腐病菌和苹果轮纹病菌侵染致病，在果实上症状相似，病斑呈现水渍状，近圆形，有明显同心轮纹，着黑色小粒。两病菌为害枝干症状表现不一。

干腐病菌侵染枝干后产生大小不等的褐色溃疡斑，病部初为暗褐色，边缘不整齐，表面湿润，有茶褐色黏液，以后干枯下陷，病健组织交界处裂开，病部可剥离，病斑上出现隆起的小点粒。在老树或弱树上由于病菌发展迅速，也可以造成局部枝干坏死。

轮纹病菌浸染枝干多以皮孔为中心，初期出现水渍状，暗褐色小斑点，逐渐扩大形成圆形或近圆形褐色瘤状物，多数为 1 厘米左右。病斑质地坚硬，中心突出，随后病斑凹陷，颜色变深，第二年出现黑色小点粒，随着愈伤组织的形成，病斑边缘龟裂，病健组织交界处有一圈环沟，病部翘起，剥落。病部多在树皮表层，也可深达木质部。严重染病时表面粗糙，甚至枯死。

叶片发病产生近圆形同心轮纹的褐色病斑或不规则形的褐色病斑，大小为 0.5～1.5 厘米，病斑逐渐为灰白色，并长出黑色小粒点。叶片上病斑很多时，往往引起干枯早落。

2. 发病规律

病菌以菌丝、分生孢子器及子囊壳在被害枝干上越冬。菌丝在枝干病组织中存活 4～5 年，每年 5～6 月间产生孢子，成为初次侵染源。7～8 月份孢子散发较多，成高峰期。病部前 3 年产生孢子的能力较强，以后逐渐减弱。分生孢子主要随雨水飞溅传播，一般不超过 10 米范围。病菌在落花后 10 天左右即可侵染幼果，4～7 月份侵染最多，以后降低。孢子萌发经果点侵入果实和枝干，24 小时可完成。

入侵幼果后的病菌呈潜伏状态，待到果实近成熟时或贮藏期生活力减弱后，潜伏菌丝迅速蔓延扩展才形成症状。病果一般先在弱枝上出现，病害发展与果实含糖量增加呈正相关。

枝干上一般从 8 月中下旬开始，发病部位以枝干的背面较多，新病斑当年不产生分生孢子器，第 2～3 年才大量产生分生孢子器和分生孢子，第 4 年后分生孢子产生能力减弱。

品种金冠最易感病，其次是元帅系、富士系、国光较轻。凡偏施氮肥、树势衰弱的均发病较重。

3. 防治措施

（1）农业防治　增施有机肥料，合理修剪，调节负载量，加强栽培管理。修剪后及时清园，不要用病树枝作支撑物。果实采收后刮除树干粗皮和病瘤，刮后对主干和大枝基部涂刷菌毒清 50 倍液或菌杀特 5 倍液。

（2）化学防治　果园发病前喷 1.5% 菌立灭 2 号 200 倍液或

50%多菌灵可湿性粉剂 800 倍液。5~8 月份根据降水及果实发育状况，结合防治早期落叶病、交替使用的有效药剂有：前期喷80%大生 M－45 可湿性粉剂 800 倍液（或喷克、易保、信生等），中后期选喷 10%世高水分散颗粒剂 2 000 倍液、15%菌立灭 2 号水乳剂 800 倍液、50%苯菌灵可湿性粉剂 1 000 倍液、50%甲基托布津可湿性粉剂 800 倍液、1∶2∶200 倍量式波尔多液。生长期喷药保护叶片，可用国优 101 或菌成 1 000 倍液＋喷茬克 1 000 倍液。

（五）套袋苹果黑点病

套袋苹果黑点病是近年推广果实套袋后出现的一种新病害，个别年份在苹果产区可造成严重损失。

1. 症状特点

发病初期果实萼洼周围出现针尖大小的小黑点，后逐渐扩大为直径 5 毫米左右，病斑中心有病组织液渗出，风干后呈白色泡沫状。发生严重时，数个病斑相连成愈合大病斑，梗洼周围胴部也可见病斑。

现已明确为害的病原菌为粉红聚端孢霉，属半知菌类，丛梗孢目，丛梗孢科，聚端孢菌属。粉红聚端孢霉是自然界中一种常见的腐生真菌，未套袋果实在多雨潮湿的环境中，树冠下部和郁蔽的内膛也偶见被为害的苹果、梨、桃等果实。出现上述相似的症状，或大片粉红色圆形或近圆形霉层，叫做果实红粉病。此病菌又是许多地方发生的苹果霉心病的病原菌之一。自推广果实套袋以来，已成为常见病害，个别年份发生极重。

该病菌可腐生在苹果花器的残体上（如萼片、花柱、花丝、花药等），套袋后条件合适就可侵染果实的健康组织。

2. 发病条件

该病发生与气候条件、果园立地环境、综合管理水平、育果袋种类及质量、套袋技术等因素都有关。气候条件是一个决定性因素，尤其在套袋后至除袋前这段时间如持续干旱，或者雨后气温不高，空气湿度不大，此病不会发生，即使发生也不严重。相反如 7~8 月份出现 4 日以上连阴雨，雨后天晴又出现数日 32℃ 以上高温，此病就会大发生、大流行。另外，雨前灌水果园发病更重，说明高温高湿是病害流行的重要条件。海拔高度在 1 000 米左右的渭北北部果区及海拔 700~800 米的南部果区发病显著轻；坡台地果园比塬地果园轻；长势较强、枝条较稀疏、通风透光好的果园比长势较弱、枝条稠密、树冠郁蔽果园轻。一般套双层三色育果纸袋在夏季正午果园气温为 35~37℃ 时，袋内温度高于环境温度 3~4℃。如未撑开袋子通气孔的，并采用袋底朝下并由下往上套果的，或果袋折叠封口折向有纵切口一侧的，常因枝叶雨水沿果枝。顺果柄流入袋内而增加了湿度，给病菌入侵、繁殖创造了条件。选用劣质纸袋发病更为严重。

病菌仅在果实表面和浅层果实为害，不会侵入深层果肉。果实入库贮藏，尤其冷藏或气调贮藏条件下，病害不会继续发展。

3. 防治措施

（1）整形修枝　疏除近地的大枝和枝组，抬高主干和结果部位。疏除冠顶果和梢头果实，果园行间种植绿肥，改善通风透光条件。

（2）规范套袋技术　选用优质双层三色育果纸袋，必须先撑开袋子，袋底朝上并由上往下套果，让幼果悬于袋中部，果袋封口应折叠向没有纵切口的一侧，避免雨水流入增加袋内湿度。

（3）化学防治　套袋前细致均匀喷药。可选喷 4% 农抗 120 水剂 600 倍液加 80% 大生 M-45 可湿性粉剂 1 000 倍液或 68.75% 易保水分散粒剂 1 200 倍液或 80% 喷克可湿性粉剂 600~800 倍液。

（六）苹果花叶病

1. 症状特点

只在叶片上形成各种类型的鲜黄色病斑或深绿浅绿相间的花叶，有以下几种类型。

（1）斑驳型　一般多从小叶脉上开始发生。病斑呈不定型，大小不一，边缘清晰，可相互愈合成大块，这是出现最早、最普遍的类型。

（2）花叶型　病叶呈不规则形，形成较大的深绿与浅绿相间的色变，边缘不清晰，发生略迟，为数也不多。

（3）条斑型　病叶沿叶脉失绿黄化，并延及附近的叶肉组织，有时仅主脉及支脉黄化，变色部分较宽，有的主脉及小脉均呈较狭窄的网纹状，发生也较少、较迟。

（4）环斑型　病叶上产生鲜黄色环状或近环状斑纹，正圆形或椭圆形，发生最晚，数量很少。

（5）镶边型　病叶沿叶缘自近锯齿部位出现黄色镶边，病叶的其他部分完全正常，发生很少，仅在个别高感品种上出现。

上述症状类型并非截然分开，在自然条件下，在同一病株、同一病枝甚至同一叶片混合发生，有时还可出现中间类型。重病株与健株比较，新梢平均生长量明显减少，尤以新梢部分最突出。新梢长度减少的主要原因在于节数减少，而节间长度却无明显差异。

据在陕西关中地区观察，春季斑驳型病叶集中出现于萌芽后10~20天，即4月10~20日，4月下至5月初病斑发展极为迅速，一般15~20天内可达典型症状，此后发展减缓，7~8月份基本停止。9月初秋梢抽生症状又有发展，10月份后渐缓，月底停止。严重病斑6月中旬变褐枯死，严重时病叶枯死。

2. 发病规律

到目前为止，只能肯定病毒可通过嫁接（包括土壤中自然根接在内）传播，潜育期3~27个月。实践中存在的未经嫁接的果园也有蔓延的现象，说明有存在除嫁接外其他传播途径的可能性，包括昆虫传播。

品种间高度感病的有青香蕉、金冠、黄魁、秦冠等，轻度感病的有红玉、红星、元帅、国光、富士等。

3. 防治措施

（1）检验检疫 严格实行检疫制度，避免病害由病苗传播。严格禁止在病株上采接穗作为繁殖材料。坚决毁弃发病植株（挖净病根），改植健壮树，以免后患。利用热处理获得无病毒苗木建园。

（2）化学调控 对已结果病树应增施有机肥，适量留果，发芽后喷 2~3 次 4% 农抗 120 水剂 200~300 倍液或 5% 菌毒清 200~300 倍液，减轻为害程度。1.5% 植病灵乳剂 1 000 倍液；10% 混合脂肪酸水乳剂 100 倍液；20% 盐酸吗啉胍·铜可湿性粉剂 1 000 倍液；2% 寡聚半乳糖醛酸水剂 300~500 倍液；3% 三氮唑核苷水剂 500 倍液；2% 宁南霉素水剂 200~300 倍液，隔 10~15 天 1 次，连续 3~4 次。

三、苹果主要虫害及其防治

（一）桃小食心虫

桃小食心虫简称桃小，又名桃蛀果蛾，属鳞翅目蛀果蛾科。近年来，该虫的为害有加重的趋向，金冠、元帅系、富士系受害重于秦冠、国光。它还可为害梨、桃、杏、李、枣等。

1. 田间为害

幼虫蛀果时咬破果皮，在果面上留有针尖大的蛀孔，孔口挂有泪珠状白色果胶，数日后干涸成白色蜡粉，不触及不易脱落。幼虫蛀入果后纵横串食，最终到达心室，蛀食种子。由于幼虫在果内串食，使正在膨大中的幼果生长受阻，果面凹凸不平，俗称"猴头果"。幼虫在果内一边蛀食，一边将粪便排于虫道内，因此，被害果成为"豆沙馅"，失去食用价值。果内幼虫老熟后，由里向外在果皮上咬一火柴棍粗细的圆孔爬出。

2. 形态特征

成虫：体长 7 毫米左右，身体灰褐色，复眼红褐色，前翅灰白色，中部近前缘部位有一个近似三角形蓝黑色大斑，前翅基部及中央有 7~9 簇蓝褐色斜立毛丛，后翅灰色。雌蛾下唇须长，前伸如剑；雄蛾下唇须短，向上弯曲。

（1）蛹　长约 7 毫米，黄白色至黄褐色，近羽化时灰褐色。夏茧纺锤形，冬茧圆形。

（2）幼虫　老熟幼虫体长 12~15 毫米，纺锤形，桃红色，头褐色，前胸背板深褐色。

（3）卵　圆形，卵顶周围有 2~3 圈"丫"形刺。初产时黄白色，渐变为褐红色或橙红色。

3. 发生规律

在甘肃天水、陕西延安等地区一年 1 代，河南郑州、江苏丰县一年可发生 3 代。以老熟幼虫在土内作扁圆形"冬茧"越冬，越冬幼虫一般从 5 月上中旬开始到 6 月上旬破茧出土，在土面爬行，1~2 天后在土、石块或杂草根茎附近结纺锤形"夏茧"并在其中化蛹。蛹期 13~14 天，自幼虫出土到成虫羽化需 18~20 天，5 月底至 6 月初出现越冬代成虫。越冬幼虫出土和成虫羽化受当地降雨多少、频率及温度影响显著。如 5~6 月份降雨次数和雨量较多，土壤湿润，日均气温 19.3℃ 以上，则幼虫出土和成虫羽化顺利，时间也较集中，不足 2 个月；反之，干旱少雨年份，出土始期推迟，出土不集中，出土期可达 80 天以上。且会影响下一代的发生量。

成虫羽化后白天不活动，藏于树冠荫蔽处或杂草丛中、土缝下，午夜 12 时至 2 时活动交尾（适宜温度 19~24℃，相对湿度 80%~90%），成虫多将卵产在果实萼洼处，少数产在梗洼或叶片上。成虫有弱趋光性（对蓝色光敏感），对糖醋液无趋性，但雄蛾对合成激素敏感。6 月上中旬即可见卵，卵期 7 天左右，初孵化幼虫在果面爬行半小时，多从萼洼部位蛀入，不食果皮，幼虫在果内蛀食 20~25 天，然后脱果结茧。脱果早的老熟幼虫一部分在土表作夏茧化蛹，7 月中下旬羽化出第一代成虫，产卵后造成第二次为害。脱果晚的老熟幼虫钻入土内作冬茧越冬。第二代幼虫在果实采收时仍有一部分已脱果，还有一部分未脱果的幼虫随果实进入堆果场、果库，甚至消费者食用时也会发现。越冬茧水平分布一般在树冠垂直投影范围内，越靠近根茎密度越大，其周围1米范围占60%以上；越冬茧垂直分布一般在土层深3～12厘米的表土中集中了80%以上。粗放果园、树冠投影外围较多；山地果园在梯田壁、土石缝内也有相当数量的越冬茧，成为该虫远距离扩散的渠道。

4. 防治措施

（1）重视农业防治　冬前深翻土壤，将树盘内10厘米深的表土埋入施肥沟30厘米以下，破坏"桃小"越冬场所，消灭土层越冬的幼虫；春季越冬幼虫出土前清除杂草，整平土地，于树干周围培土厚度20厘米左右，使越冬幼虫窒息死亡；在蛀果幼虫脱果前，及时摘除虫果，带出田外，可减少二代虫源和越冬虫量。

（2）推广覆膜和果实套袋防治　在"桃小"越冬幼虫出土之前，结合春季追肥后于树冠垂直投影下覆盖地膜，不但可以代替地面施药，而且可以减少树上喷药次数，同时又起到保墒增温，杀灭杂草的作用。套袋可避免蛀果。

（3）提倡诱蛾防治　每亩挂3～4个性诱剂器，诱杀雄蛾。

（4）加强药剂防治　当越冬幼虫连续出土，出现日突增或性诱剂诱到第一头雄蛾时，立即开始地面施药。最佳药剂有白僵菌粉（50亿个孢子/克）3 000倍液。施药前整平地面，施药后及时锄入土中。根据虫情测报，当卵果率达1%～2%时，选喷Bt乳剂1 000倍液、青虫菌6号悬浮剂1 000倍液、30%桃小灵乳油2 000倍液、菊酯类农药3 000倍液。各代卵期应连喷药两次，间隔10～15天为好。喷药时尤其是果实上一定要喷周到。

（二）山楂红蜘蛛

山楂红蜘蛛又名山楂叶螨，是一类体躯微小、口器为刺吸式的动物，属蜘蛛纲蜱螨目叶螨科。除为害苹果外，还为害梨、桃、杏、李、海棠、花红、楸子等多种蔷薇科植物。

1. 田间为害

成虫、若虫和幼虫，有吐丝结网习性，群聚在叶背以其刺吸式口器刺入叶组织吸食叶液，破坏叶绿素，使叶片失绿呈现苍白斑点，严重时叶片枯焦，似火烧状，造成提早脱落。

2. 形态特征

（1）成螨　雌成螨体长 0.53 毫米，体宽 0.32 毫米，长卵圆形。体背前方稍隆起，有 26 根刚毛，分成 6 排，4 对足，淡黄色，比体短。冬型朱红色，有绢丝光泽。夏型初蜕皮为红色，取食后变为暗红色。雄螨体长 0.45 毫米，宽 0.25 毫米，体色枯黄，身体末端尖削，体背两侧有黑色斑纹。

（2）若螨　4 对足，分为前期若虫和后期若虫。前期若虫体背开始出现刚毛，两侧有明显黑色斑纹；后期若虫个体较大，并可分雌雄。雌若螨体呈卵圆形，翠绿色。雄若螨身体末端尖细。

（3）幼螨　初孵化时圆形，黄白色。取食后渐变为卵圆形，淡绿色，3 对足。

3. 发生规律

在我国北方果区一年发生 6～10 代，有性生殖，少数孤雌生殖。以受精的冬型雌成螨在树皮裂缝、老翘皮下越冬，数量多时也有在根茎周围土壤缝隙内、土块和落叶下、杂草间越冬的。

苹果花芽萌动后开始出蛰，春季气温上升平稳的地区和年份出蛰较整齐，持续时间较短，高峰不明显。春季气温不稳定的地区和年份与此相反。一般开花前出蛰相对集中，是防治的第一个关键时期。随着气温的升高，发育速度加快，收麦前处于数量积累阶段，麦收后随着高温干旱季节的来临和种群数量急剧增加，形成全年发生和为害高峰期。因此，收麦前则是全年防治的又一个关键时期。进入 8 月下旬以后，气温逐渐降低，加之秋雨来临，种群数量渐趋减少，并陆续出现冬型雌成螨，逐渐进入越冬场所。

山楂红蜘蛛不太活泼，在数量不太多时常群栖于叶背为害，吐丝拉网，数量多时也扩散到叶面、果实上。就一株树而言，扩散顺序由里到外，由下到上。随风飘荡是山楂红蜘蛛近距离扩散的主要途径，附着在苗木和果品上的运输则是远距离传播的方式。

山楂红蜘蛛年发生代数的多少受当年夏季气温和空气湿度的影响，高温干旱持续时间长的年份发生世代较多，特别是 7~8 月份，反之则减少。据研究结果：日均温在 16.1~24℃ 时，完成一代需 23.3 天，而在 24.2~29.5℃ 时，完成一代只需 10.4 天。在平均气温为 24~26℃ 的 6~8 月份，每月可繁殖 2~3 代。另外，衰弱树上往往发生较重，结果树比幼树严重。

在自然情况下，果园内捕食山楂红蜘蛛的有益昆虫（称天敌）很多，如食螨瓢虫、草青蛉、蓟马、捕食螨等，益害之间保持一种动态平衡，一般不易猖獗成灾。但是，近年由于广谱性的有机磷大量和频繁使用，对天敌杀伤严重，既破坏了益害虫之间的动态平衡，也使红蜘蛛产生了抗药性，因而导致山楂红蜘蛛有不断蔓延的趋向。

4. 防治措施

（1）合理用药，保护天敌　禁用对天敌杀伤力强的广谱杀虫剂，如滴滴涕、对硫磷等，避免其数量增长，改进施药方式，选适当用药时间，在防治食心虫选配农药时可混用杀螨剂，以保护天敌。

（2）狠抓前期防治，猛攻关键时期　上年为害严重，且越冬虫口密度较大的果园，可在萌芽期（鳞片开裂）喷 1 次 3~5 波美度的石硫合剂，苹果显蕾后到开花前再喷 1 次 0.5 波美度石硫合剂或 5% 尼索朗 2 000 倍液，落花后根据虫情可喷 1 次 20% 螨死净水悬剂 3 000 倍液，或螨危 5 000 倍液 + 阿维菌素 3 000 倍液喷施。

（3）抓紧麦收前防治 收麦前可喷20%扫螨净可湿性粉剂2 500～3 000倍液或20%哒螨灵乳油4 000倍液加2.5%功夫乳油3 000倍液等。麦收后根据虫情，若未控制为害，可再喷0.05～0.1波美度的石硫合剂，因不杀卵，间隔1周后，再喷1次，效果很好。

（4）绑草诱杀 9月上中旬在树干距第一主枝20厘米处用麦草、糜草等软草拧绑草圈，诱虫潜入，12月份清园时解除烧毁。

防治红蜘蛛喷药要做到：压力要大，雾点要细，喷头向上，由树冠上往下，由里及外，叶片正反面均应喷到。

（三）苹果小卷叶蛾

苹果小卷叶蛾别名远东褐带卷叶蛾、棉褐带卷叶蛾、茶小卷叶蛾等，属鳞翅目卷蛾科。在我国苹果主产区分布十分普遍，是苹果树最重要的卷叶蛾害虫，它还为害梨、桃、杏、李、棉、茶等18科30种植物。

1. 田间为害

幼虫卷叶为害，啃食果皮后呈现许多小坑洼，且引起褐腐病的发生。

2. 形态特征

（1）成虫 体长6～8毫米，翅展16～20毫米。头、胸部及前翅黄褐色，前翅自前缘向后缘有两条深褐色斜纹，停息时两前翅闭合，中部的斜纹呈"V"字形。

（2）蛹 长9～11毫米，黄褐色。腹部背面2～7节有两横排刺突，上排粗大，下排细小如线。

（3）幼虫 老熟幼虫体长13～15毫米，细长，淡绿色或翠绿色。极活跃，触之能进能退。

（4）卵 椭圆形，淡黄色，数10粒排列成鱼鳞状，产于叶面或果面。

3. 发生规律

宁夏回族自治区、甘肃一年发生 2 代，辽宁、河北一年发生 3 代。山东、陕西一年 2～4 代。以 2～3 龄幼虫作白茧在树皮裂缝、剪锯口周围及梨潜皮蛾为害的翘皮下越冬。苹果花芽萌动时开始出蛰为害。出蛰盛期在秦冠品种盛花期前后，出蛰幼虫先食害幼芽、嫩叶、花蕾等，稍大即将几片叶子缠缀在一起，卷成虫苞为害，幼虫有转移为害习性，所以，有些卷苞内无虫。幼虫在卷苞内化蛹，蛹期为 6～9 天，5 月中下旬到 6 月中旬出现越冬代成虫。越冬代成虫羽化后 2～4 天即产卵，卵期 7～10 天。6 月中旬是第一代幼虫为害初期，喜在叶与叶、叶与果接触处为害，虫态比较整齐，此后世代重叠。成虫对灯光和糖醋液的趋性均较强，雄蛾对人工合成性激素有强烈趋性。成虫产卵需要较高的空气湿度，一般干旱年份发生较轻。

4. **防治措施**

（1）**人工防治**　苹果树休眠期刮除粗老翘皮及贴在枝干上的干叶，集中烧灭。春季结合疏花、疏果摘除卷叶虫苞，集中消灭。

（2）**诱杀成虫**　可利用黑光灯（或频振式杀虫灯）、糖醋液（按红糖 1 份、醋 2 份、水 8 份的比例配制）、性激素诱捕。平时用一种办法做测报用，从成虫羽化始期到盛期可集中放置各种诱捕器捕杀卷叶成虫。

（3）**药剂防治**　苹果树显蕾后至开花前喷布 Bt 乳剂 1 000 倍液或青虫菌 6 号 1 000 倍液。第一代幼虫为害初期，可喷灭幼脲 3 号悬浮剂 1 000 倍液或 2.5% 三氟氯氰菊酯（功夫）乳油 2 500 倍液。

（4）**生物防治**　目前，推广使用的有释放赤眼蜂，利用颗粒体病毒、昆虫保幼激素、雄蛾辐射不育等方法。

苹果卷叶蛾、黄斑卷叶蛾、顶梢卷叶蛾和梨星毛虫防治方法可参照苹果小卷叶蛾。

（四）铜绿金龟子

铜绿金龟子食性很杂，主要为害苹果、梨、葡萄、桃、山楂、核桃等多种果树，还为害多种农作物和林木。

1. 田间为害

成虫在苹果开花后为害叶片，多在晚间取食，白天静伏，大量成虫聚集于果树叶丛中咬食叶片，受害叶片残缺不全或仅留下叶脉及叶柄。

2. 形态特征

成虫体长约 19 毫米，体背面黄绿色，有铜绿金属光泽，前胸背板两侧缘稍带黄褐色，翅鞘上有 5 条纵隆线，中部 3 条较明显，体腹面及足黄褐色。

3. 发生规律

该虫每年发生 1 代，以幼虫在土内越冬，5 月下旬至 6 月上旬始见成虫，6 月中旬至 7 月中旬是为害盛期，成虫白天潜伏土内，黄昏至黎明聚集在树叶上为害。成虫受惊有假死性，对黑光灯有强烈趋性。

4. 防治措施

（1）药剂处理土壤　对于发生严重的园地，可于幼虫初发生期，用 30% 毒死蜱微胶囊剂或 25% 辛硫磷微胶囊 5 千克/亩均匀混入 20 千克细干土，撒入果园内，翻入土中后耙匀。

（2）入土捕杀成虫　于成虫发生期抓住早晨、傍晚成虫飞翔不强的时机，在树下铺上塑料薄膜，然后振落集中捕杀。

（3）黑光灯诱杀　对趋光性较强的铜绿金龟子可于晚上利用黑光灯或频振式杀虫灯诱杀。

（4）树上喷药防治　在成虫发生盛期喷布 2.5% 功夫乳油 3 000 倍液或喷 1∶2∶200 倍量式波尔多液。

（5）金龟孢杆菌防治　每公顷用每克含 10 亿活孢子的菌粉 1 500 克，均匀撒入土中，使蛴螬感染发生乳状病致死。

（五）苹果蚜虫

苹果蚜虫又叫苹果黄蚜、绣线菊蚜，属同翅目蚜虫科。是苹果上发生极为广泛的一种害虫，除为害苹果的嫩梢和叶片外，梨、山楂、海棠等多种植物均遭为害。

1. 田间为害

幼蚜、成蚜直接刺吸苹果嫩梢及叶片的养分，同时，由于口器和唾液刺激使叶片失绿，叶片向背面横卷皱缩，密布黄绿色的蚜虫和白色的蜕皮，最后叶片发黄干枯，严重影响新梢生长和叶片功能。

2. 形态特征

（1）成虫　无翅胎生雌蚜，长卵圆形，体黄色或黄绿色，长1.4～1.8毫米，复眼黑色，触角比身体短。有翅雌蚜，体型稍长，翅半透明，黄褐色，头部黑褐色，胸部背面黑褐色，有疣状凸起。

（2）幼蚜　鲜黄色，触角、复眼、足、腹管均为黑色。

（3）卵　椭圆形，漆黑色。

3. 发生规律

一年发生10余代，以卵在枝条裂缝、芽苞附近越冬。4月上旬苹果发芽时卵开始孵化，约经20天结束。萌芽后群集新梢及附近叶片上为害，5～6月份为害盛期，6～7月份出现有翅蚜，扩散为害。麦收后，由于瓢虫、草蛉、食蚜蝇、蚜茧蜂、蚜小蜂等天敌迁来捕食和新梢停长后叶片老化，其数量迅速减少。待秋梢抽生后，又有回升。一般低温偏旱的年份和氮肥过多、植株生长不良等情况均有利于蚜虫的发生。

4. 防治措施

（1）生物防治　避免使用对天敌杀伤力大的药剂，可在果园四周设天敌保护区，人工培养投放瓢虫和食蚜蝇。

（2）药剂防治　萌芽期到开花前喷0.3%苦参碱水剂800～1 000倍液，落花后至夏收前喷10%吡虫啉可湿性粉剂4 000倍液或 10% 蚜虱净水剂 2 500 ~ 3 000 倍液或 2.5% 功夫乳油 3 000 倍液。

（六）金纹细蛾

金纹细蛾是为害苹果叶片的常见的一种害虫，属鳞翅目细蛾科。近年来在部分苹果产区为害猖獗，尤其红富士品种园最多。还可为害梨、李、海棠等。

1. 田间为害

幼虫潜入在叶背面表皮下取食叶肉，使下表皮皱缩，上表皮拱起，并将叶肉吃成筛孔状，虫斑内有虫粪，受害严重时一叶上有 10 ~ 20 个虫斑，虫斑以外部位失绿呈现黄褐色，致使叶片提早脱落。

2. 形态特征

（1）成虫　体长 2.5 毫米，翅展 6.5 ~ 8.5 毫米，金黄色艳丽的小蛾。前翅金黄色，狭长，翅端部前、后缘各有三条镶黑边的条纹。后翅尖细，灰色，缘毛长。

（2）蛹　长约 4 毫米，头部两侧有 1 对角状凸起，触角比身体长。蛹期 6 ~ 10 天。

（3）幼虫　初龄时淡黄色。老熟幼虫细长纺锤形，黄色，长约 6 毫米，稍扁，始终藏于虫斑内。

（4）卵　极小，扁椭圆形，约 0.3 毫米，乳白色，半透明，有光泽。产于叶片，似泡状凸起。卵期 7 ~ 10 天。

3. 发生规律

一年发生 5 代，以蛹在被害叶虫斑里越冬。春季苹果发芽时，出现越冬代成虫，温暖的中午可见围绕树干飞舞、交尾，或停息在枝干向阳面上。4 月上中旬先产卵于冠下砧木萌蘖的叶片上，待苹果展叶后再产卵于苹果嫩叶背面，4 月下旬到 5 月中旬后半期幼虫开始蛀入叶片，出现被害状。5 月下旬到 6 月上旬发生当年第一代成虫。第二代在 7 月中下旬，第三代在 8 月中旬。发生世代多，田间世代重叠。春季发生轻，秋季逐渐严重。

4. 防治措施

一代、二代成虫发生盛期，喷布 Bt 乳油 1 000 倍液，或 5% 灭幼脲 3 号（苏脲 1 号）胶悬剂 1 500～2 000 倍液，或 20% 灭幼脲 1 号（除虫脲）悬浮剂 3 000～6 000 倍液，或 20% 氟幼脲胶悬剂 4 000～8 000 倍液，效果甚佳。或在防治其他害虫时兼治。

（七）梨圆蚧

梨圆蚧属同翅目蚧科。在国内分布普遍，食性极杂，已知寄主植物在 150 种以上。果树中主要为害梨、苹果、桃、李、杏、梅、樱桃、葡萄、柿、枣、核桃等。

1. 田间为害

梨圆蚧能寄生果树的所有地上部分，特别是枝干。成虫、若虫刺吸枝干后，引起皮层木栓化和韧皮部、导管组织的衰亡，皮层爆裂，抑制生长，引起落叶，甚至枝梢干枯和整株死亡。在果实上多寄生于萼凹周围，呈现红色晕圈，最后失水干缩。叶片被害时叶色灰黄以致脱落。

2. 形态特征

（1）成虫　雌虫体背覆盖近圆形介壳，直径约 1.8 毫米，呈脐状，略隆起，灰白色或灰褐色，有同心轮纹。虫体扁椭圆形，橙黄色，眼及足退化。雄虫介壳长椭圆形，较小，灰白色，壳点位于介壳的一端，口器退化，触角念珠状，11 节，翅一双，交尾器剑状。

（2）若虫　初龄若虫体长 0.2 毫米，椭圆形，橙黄色，3 对足发达，尾端有 2 根长毛。雌若虫蜕皮 3 次，介壳圆形；雄若虫蜕皮 2 次，介壳长椭圆形，在介壳下化蛹，蛹淡黄色，圆锥形。

3. 发生规律

该虫在苹果树上一年发生 2～3 代，以 2 龄若虫在枝干上越冬。翌春树体萌动后继续为害，4 月中旬雄虫开始化蛹，5 月越冬代成虫羽化，交尾后雄虫即行死亡，雌虫继续取食待 1 个月陆续在介壳下胎生若虫，6 月上中旬到 7 月下旬到 9 月上旬、9 月上旬到 10 月中旬分别是第一代至第三代若虫发生期。

梨圆蚧是两性生殖，胎生繁殖，各代产子数 54～108 头，最多产子 362 头，第二代产子较其他代高。初孵化的若虫先在母体介壳下静伏，然后向嫩枝、果实、叶片上爬行，在 1～2 天内找到合适部位，将口器插入寄主组织内，不再移动，分泌蜡丝，逐渐形成白色介壳。群落主要集中在枝干阳面。第一代若虫部分迁移到果实上，夏秋之后发生的一部分若虫迁移到叶上为害，多集中于叶脉处。梨圆蚧远距离传播主要靠苗木、接穗和果品调运。

梨圆蚧的天敌主要有红点唇瓢虫、肾斑唇瓢虫、跳小蜂、短缘毛蚧小蜂等。

4. 防治措施

（1）生物防治 5 月中旬、7 月中旬是瓢虫和跳小蜂等天敌羽化期，尽量不要喷广谱性杀虫剂。

（2）药剂防治 在果树落叶或萌芽前喷布 5 波美度石硫合剂或喷 200 倍液洗衣粉，都有很好的防治效果。6 月上中旬雄虫羽化和雌虫产子期是药剂防治关键期，可喷 40% 速扑杀乳油 1 000～1 500 倍液或 300 倍液洗衣粉或 0.3 波美度石硫合剂均有效，但要注意保护天敌。

（八）朝鲜球坚蚧

朝鲜球坚蚧除为害苹果、梨外，更多见于杏、桃、李等核果类果树，近年来呈扩散发展趋势。

1. 田间为害

受枝条上附着许多紫褐色，钢盔状虫体，被害枝条长势衰弱，严重时枝条枯死。

2. 形态特征

雌成虫交尾后膨大为球形，直径约 4.5 毫米，亮黑色，腹面边缘肥厚，有 4 条白色蜡带，产卵后背面失去光泽，介壳表面有两列凹陷小点刻。雄成虫体长约 2 毫米，赤褐色，有翅一对，腹末外生殖器两侧各有一条白色蜡质长毛，介壳长扁圆形。卵，椭圆形，长约0.3毫米，橙黄色。

3. 发生规律

一年发生1代，以2龄若虫在枝条裂缝、粗翘皮、伤口边缘等处越冬。翌年果树发芽时越冬若虫从介壳下爬出，选择合适部位，固定在枝条上吸食为害，虫体逐渐膨大，并分化出雌雄性。4月上中旬成虫羽化，雄虫与雌成虫交尾后死去，4月下旬至5月上旬雌成虫产卵于腹下随后死亡，干缩的空壳充满卵粒。5月中下旬卵孵化，初孵若虫爬出母介壳，分散到枝条上为害。9～10月蜕变为2龄若虫，在蜕皮壳下越冬。

4. 防治措施

（1）生物防治 合理用药，保护利用黑缘红瓢虫等天敌。冬季用麻袋片或毛刷抹杀枝条上越冬若虫。

（2）药剂防治 果树发芽前喷5波美度石硫合剂。数量大时，可在5月下旬至6月上旬被孵若虫爬出母介壳，分散到枝条上为害时，喷40%速扑杀乳油1 000～1 500倍液。

第八章　果实采收和分级包装

一、果实采收

果实采收是苹果园一个生长季生产工作的结束，同时又是果品贮藏或运销的开始。如果采收不当，不仅会使产量降低，而且会影响果实的耐藏性和产品质量，甚至损害来年的产量。因此，必须对采收工作给予足够的重视。

（一）采收期的确定

苹果采收的早晚对果实的质量、产量以及耐藏性均有很大的影响。采收过早，果实尚未充分发育，果实个小，外观色泽和果实风味较差，产量和品质下降；采收过晚，虽能在一定程度上提高食用品质，但易使果肉变绵，产生裂果和衰老褐变现象，降低耐藏性。目前，判断果实成熟度，确定适宜采收期，较实用的方法有以下几种：

1. 根据果实的成熟度

按照用途的不同，果实成熟度一般分为以下3种。

（1）可采成熟度　这时果实大小已长成，但还未完全成熟，应有的风味和香气也还没有充分表现出来，肉质硬，适宜于贮运、蜜饯和罐藏等加工用。

（2）食用成熟度　果实已经成熟，表现出该品种应有的色、香、味特点，营养价值也达到了最高点，风味最好。达食用成熟度的果实，适用于供当地销售，不宜长期贮藏或长途运输。

（3）生理成熟度　苹果果实在生理上已经达到充分成熟的阶段时，肉质松绵，种子充分成熟。达到此成熟度后，果实变得淡而无味，营养价值大大降低，不宜于人们食用；更不能进行贮藏或运输。果实一般只有作为采集种子使用时，才在这时采收。

2. 判定果实成熟度的方法

（1）根据果实的发育期 某一品种在一定的栽培条件下，从落花到果实成熟，有一个大致的天数，即果实发育期。由此来确定采收时期，是目前绝大部分果园既简便而又比较可靠的方法。早熟品种一般在盛花期后 100 天左右采收；中熟品种在 110 ~ 150 天时采收，晚熟品种在 150 ~ 180 天时采收。金冠、元帅系品种的生长期为 140 ~ 150 天；乔纳金系品种的生长期为 155 ~ 165 天；红富士系品种的生长期为 170 ~ 180 天；加工型极晚熟品种澳洲青苹和粉红女士等品种的生长期为 180 ~ 200 天。

（2）根据果实的脱落难易程度 果实成熟时，果柄基部与果枝之间形成离层，稍加触动，即可采摘脱落。

（3）根据果实果皮的色泽 果实成熟时，果皮现出本品种固有的颜色。生产上大多根据果皮的颜色变化来决定果实采收期。此法较简单，也易于掌握。判断成熟度的色泽指标，是以果皮底色由深绿变黄为依据。

采收期的确定，不能单纯根据成熟度，还要根据调节市场供应、运输、贮藏和加工的需要、劳动力的安排、品种的特性及气候条件等情况，来确定适宜的采收期。

（二）采收方法

采收苹果的方法，主要是人工采收。

采收苹果时，应防止一切机械伤害，如擦伤、碰伤、压伤或掐伤等。果实有了伤口，微生物极易侵入，促进呼吸作用加强，降低耐藏性。还要防止折断树枝，碰掉花芽和叶片，以免影响翌年的产量。采收时要防止果柄掉落，因为无果柄的果实，不仅果品等级下降，而且也不耐贮藏。采收时还要注意，应按先下后上、先外后内的顺序采收果实，以免碰落其他果实，减少损失。

为了保证果实的品质，在采收过程中一定要尽量使果实完整无损，这就要在供采果用的果篓（筐）或果箱内部，垫些柔软的物体。进行采果捡果作业时，要轻拿轻放，并尽量减少换篓（筐）的次数。在运输果实的过程中，要防止压、碰、抛、撞、挤果现象的发生。

二、果实分级

采收后的苹果果实，需要进行商品化处理。首先要进行果实分级。果实分级，就是按照一定的品质标准，将果实分成相应的等级。通过分级，可以区分和确定果品质量，有利于以质论价，做到优质优价及果品销售标准化。

（一）分级标准

苹果分级，一般按国家或行业有关等级标准进行。有时由于贸易需要，也可根据目标市场和客户要求进行分级。例如：我国内售的鲜苹果，一般按果形、色泽、新鲜度、果梗、果锈和果面缺陷等几个方面进行分级。而供出口销售时，则要按果形、色泽、果实横径、成熟度、缺陷和损伤情况等方面，将苹果分为AA级和A级两个等级。

（二）分级方法

苹果的分级，常采用手工分级和机械分级两种方法。

1. 手工分级

采用手工分级，是目前我国大部分苹果产区应用较多的传统方法。果实大小常以横径为准（以重量为准的较少），用分级板分级。分级板上有直径分别为80毫米、75毫米、70毫米和65毫米等不同规格的圆孔。分级时，分级人员通过选果比对，将果实按横径大小（即能否适宜某个等级的圆孔），分成一二三级。而果形、色泽、果面光洁度等指标，完全凭分级人员目测和经验判断确认。因此，要求每个选果分级人员，必须熟练掌握分级标准，高度负责，规范操作，使同级果具有较高的均一性。但手工分级时，容易掺入主观因素，标准度低，劳动成本高，经济效益低。

2. 机械分级

这是采用果品分级机械进行分级。其机型有果品尺寸分级机、重量分级机、光电分级机（按果品尺寸、外观和色泽分级）。采用机械分级时，可与其他商品化处理结合进行，根据果实的尺寸、重量和颜色自动分级。机械分级，效率和精确度高，是现代果品营销中最为常用的分级方法，但易造成机械伤，投资成本也高。

三、果实包装

果实包装，即销售包装，是苹果商品化处理不可缺少的重要环节。通过包装，可以保护果实，便于贮藏、运输和销售，从而提高商品价值。同时，可使其果品具有较准确的重量、数量和容积。适宜的销售包装，可减少果实之间的相互摩擦、挤压和碰撞，保持果实品质，增加苹果的商品附加值。

（一）包装形式

在苹果销售市场上，一般采用的包装形式有两种，即普通包装形式和装潢包装形式。

1. 普通包装形式

（1）纸箱　一种是瓦楞纸箱。该类纸箱造价低，易生产，但箱体软，较粗糙，易吸湿受潮，可作为短期贮藏或近距离运输和销售用；另一种是由木纤维制成的纸箱，质地较硬，可作为远距离运输和销售用。如将其材料进一步加工成瓦楞纸板，两面均涂防潮剂后制成纸箱，既可防潮又能增加其抗压性。

（2）钙塑瓦楞箱　这是用钙塑瓦楞板组装而成的不同规格的包装箱。该箱具有轻便、耐用、抗压、防潮和隔热等优点。虽然它造价较高，但可反复使用，从而降低生产成本。

上述两类包装箱，均可制成容量为 10 千克、15 千克、20 千克、25 千克装不等的包装箱。需要出口外销时，一般要求制成容量为 17 千克装的包装箱。

2. 装潢包装形式

（1）竹藤柳制品　用竹皮、藤皮和柳条等材料，制成造型精美、漂亮的筐、篮、盘等，作为高档礼品的包装容器。现已进入超级市场，深受广大销售者的青睐。

（2）礼品盒　外观精美、高雅的便携式、套盖式礼品盒，随着广大顾客消费水平的提高和消费习惯的改善，现已越来越受欢迎。也可根据品种、市场和客户的实际需要，设计小巧玲珑的包装盒。有的用硬质透明塑料制成，苹果外观好坏清清楚楚。也有的包装盒上留有透明孔，以便于购买者观察。

以上几种装潢包装形式，均可制成 1 千克、2 千克、3 千克、4 千克装的小型礼品筐、篮、盘或盒。

（二）包装方法

在对苹果进行包装时，理想的包装状况，应该是容器装满但不隆起，承受堆垛负荷的是包装容器而不是果实本身。从而减少因挤压、碰撞而造成的损失。进行包装时，可按以下方法进行。

1. 贴标签

在每个果面的同一部位，贴上具有自己品牌特点和表现内容的标签，已注册商标的，标签必须与其相一致。标签上，应注明品种、产地、重量和个数。

2. 包纸与装箱

果品包纸在我国有悠久的历史。具体做法是：先使苹果果梗（已用剪刀剪过）朝上，把苹果平放于包果纸的中央，随手将纸的一角包裹到果梗处，再将左、右两角包起来，向前一滚，使第四个纸角也搭在果梗上，随手将苹果果梗朝下地平放于已加有衬垫物的箱内。要求果间尽量缩小空隙，并呈直线排列。装满一层后，上放一层隔板，然后继续分层装苹果，直至装满为止。在上面加覆衬垫物后，再加盖封严，并用宽胶带或封箱带封严，捆牢，同时在每个果箱上注明品种、级别、果数或重量。

3. 包发泡网

操作时，先将发泡网用左手撑开，然后用右手将苹果装入袋内即可。如果先包纸后套发泡网，两种包装同时应用，则对果实的保护效果更好。但费工费料，会使生产成本增高。只有在高档果品远距离运输或客商要求时，才能应用。

4. 礼品盒包装

首先在盒内放入衬垫物，或带凹坑的制模，然后在相同规格的礼品盒内，装入相同级别的果实，并且果数要一致，使盒内果实净重误差不超过1%。不透明礼盒，可包纸或发泡网。为了便于运输和防止挤压，可根据礼盒大小，将2～8件礼盒装入一个大的外包装箱内。外包装箱应具有坚固抗压、耐搬运的性能，并且美观、大方，具有宣传广告的特点。

5. 散装法

这是目前除高档果品以外，采用比较多的方法。具体做法是：将同一级别的果实轻轻放入已垫有衬物的箱中。待将装满时，轻轻晃动箱体，使果品相互靠拢。果实间要尽可能有最小的孔隙度。随后将箱装满，上覆衬垫物，再加盖后并用宽胶带封牢。

参考文献

[1] 唐雪东，王连君. 苹果树栽培技术. 长春：吉林出版集团有限责任公司出版社，2008

[2] 农业部农民科技教育培训中心. 苹果丰产栽培技术. 北京：农业教育音像出版社，2011

[3] 张兴旺. 云南苹果栽培技术. 昆明：云南科学技术出版社，2007

[4] 甄灿福. 北方苹果栽培技术. 哈尔滨：东北林业大学出版社，1998

[5] 于毅. 提高苹果商品性栽培技术问答. 北京：金盾出版社，2010

[6] 姚允聪等. 苹果三高栽培技术. 北京：中国农业大学出版社，1998

[7] 刘凤之，聂继云. 苹果栽培技术. 北京：金盾出版社，2011

[8] 农业部农民科技教育培训中心. 苹果梨反季节栽培技术. 北京：农业教育音像出版社，2011